SITZUNGSBERICHTE DER SÄCHSISCHEN AKADEMIE
DER WISSENSCHAFTEN ZU LEIPZIG

Mathematisch-naturwissenschaftliche Klasse
Band 110 · Heft 5

ERICH RAMMLER

EINIGE BETRACHTUNGEN ÜBER ERDGAS

AKADEMIE-VERLAG · BERLIN
1974

SITZUNGSBERICHTE DER SÄCHSISCHEN AKADEMIE DER WISSENSCHAFTEN ZU LEIPZIG

Mathematisch-naturwissenschaftliche Klasse
Band 110 · Heft 5

ERICH RAMMLER

EINIGE BETRACHTUNGEN ÜBER ERDGAS

Mit 8 Abbildungen

AKADEMIE-VERLAG · BERLIN
1974

Vorgetragen in der Sitzung am 9. Oktober 1972
Manuskript eingeliefert am 18. November 1972
Druckfertig erklärt am 14. März 1974

Erschienen im Akademie-Verlag, 108 Berlin, Leipziger Straße 3—4

Lizenznummer: 202 • 100/566/74
P 87/74
Gesamtherstellung: VEB Druckhaus „Maxim Gorki", 74 Altenburg
Bestellnummer: 761 917 7 (2027/110/5) · LSV 3185
Printed in GDR
EVP 4,50

Die Deutsche Demokratische Republik hat im vorigen Jahrzehnt damit begonnen, ihre allzu einseitige Energieeinsatzstruktur durch die Einfuhr von Erdöl aus der UdSSR aufzulockern. Sie steht nunmehr in einer neuen Phase des Auflockerungsprozesses, die durch den Einsatz des einheimischen stickstoffreichen Erdgases und durch die bevorstehende Einfuhr hochwertigen Erdgases aus der Sowjetunion charakterisiert ist. Diese Sachlage rechtfertigt einige Betrachtungen über die Wandlungen von Gaseinsatz und Gaswirtschaft, die im Weltmaßstab durch den Aufschwung des Energieträgers Erdgas vor sich gegangen sind und noch vor sich gehen.

Vom Kunstgas zum Naturgas

Vor 50 Jahren war in Europa „Gas" — als Leuchtgas, Stadtgas — unbestritten gleichzusetzen mit Entgasungsgas aus Steinkohlen, vornehmlich aus Gas- und Gasflammkohlen, erzeugt in Ortsgaswerken verschiedenster Betriebsgröße bis herab zu den Liliputbetrieben der Kleinstädte.

An der Existenz der Ortsgaswerke wurde in Deutschland genagt, als vor 46 Jahren die Ruhrgas AG gegründet wurde und in das von ihr zunehmend ausgebaute Ferngasnetz das überschüssige Kokereigas der Zechen- und Hüttenkokereien eingespeist wurde. Durch die starke Entwicklung der Kokserzeugung einerseits, die verbesserte Wärmewirtschaft der Kokereien andererseits und schließlich dadurch, daß man das für die Beheizung der Koksöfen verwendete Starkgas mehr und mehr durch Schwachgas ersetzte und damit für den Absatz freimachte, stiegen die Lieferungen des Kohlebergbaus in das Ferngasnetz ständig an. So wurde das Kokereigas zu einer starken Stütze der Gaswirtschaft, und im Bereich des Ferngasnetzes der „Ruhrgas" wurden immer mehr Ortsgaswerke eingeschränkt oder stillgelegt und schrumpften zu Verteilerstationen für das Ferngas. Noch war allerdings die Basis der Gaserzeugung essentiell unverändert; auch das

Kokereigas entstammte aus der Entgasung von Steinkohle, wenn auch in der Hauptsache von Fettkohlen.

Ab 1930 veranlaßte die von West nach Ost fortschreitende Entwicklung des Ferngasnetzes den mittel- und ostdeutschen Braunkohlenbergbau zu Bemühungen, dem Steinkohlenferngas ein Braunkohlenferngas entgegenzusetzen. Es entstand das Lurgi-Verfahren der kokslosen Starkgaserzeugung aus Braunkohle durch Vergasung mit Sauerstoff und Wasserdampf unter Drücken von 20 bis 25 at. Dieses Druckvergasungsverfahren brachte es infolge der Entwicklungshemmungen durch den zweiten Weltkrieg bis 1945 erst zur Errichtung eines kleinen Pionierdruckgaswerkes in Hirschfelde und des ersten großen Druckgaswerkes in Böhlen bei Leipzig. Die Deutsche Demokratische Republik, die darauf angewiesen war, ihren Steinkohlenbedarf zum allergrößten Teil durch Importe zu decken, nahm aber den Faden der Starkgaserzeugung aus Braunkohle wieder auf. Zunächst wurde der Anteil des Braunkohlengases dadurch erhöht, daß man das Entgasungsgas, das bei dem in der DDR entwickelten Verfahren der Braunkohlenhochtemperaturkoks-Erzeugung anfiel, zu Stadtgas aufbereitete. Mehr als 10 Jahre war die Braunkohlenkokerei Lauchhammer mit einer Gaserzeugung von 500 Millionen m^3/Jahr das größte Gaswerk der DDR, bis das Druckgaswerk Schwarze Pumpe entstand, das heute bis etwa 2 Milliarden m^3 Braunkohlengas jährlich erzeugt.[1]) Mit der Erstellung dieser großen Gaskapazitäten begann auch in der DDR die Stillegung der kleineren Steinkohlengaswerke.

Nach 1945 stellte man fest, daß die kokslose Starkgaserzeugung durch Druckvergasung sich für nichtbackende Steinkohle noch besser eignet als für Braunkohle. Nach 1950 kam es im westlichen Europa zur Herausbildung einer „Gas-Koks-Schere", d. h., der Bedarf an Stadtgas überstieg die Gasmenge, deren Erzeugung der damals nur noch langsam wachsende Absatz des Kokses, des Hauptproduktes der Kokereien, zuließ. Nun wandte sich der Steinkohlenbergbau in der BRD und in Großbritannien dem Druckvergasungsverfahren zu. In der BRD wurde das Druckgaswerk Dorsten gebaut; ihm folgten zwei weitere solcher Druckgaswerke in Großbritannien.

---

[1]) Braunkohlendruckgaswerke — in Ergänzung zu ihrer bedeutenden Erzeugung von Kokereigas und Stadtgas aus Steinkohle — wurden auch in der ČSSR erstellt (Most, Uzin, Vresova). Weiterhin entstand ein Braunkohlendruckgaswerk (gebaut von der DDR) im Braunkohlenrevier Kosovo, Jugoslawien. Das Briketts vergasende Druckgaswerk Morwell in Australien ist infolge der Erdgasfunde im Staate Victoria 1969 stillgelegt worden.

Diese Entwicklung kam aber zu spät. Der steigende Gasbedarf, dem Kokereien und Ortsgaswerke auf der Basis von Steinkohle nicht mehr genügen konnten, war nur der letzte Anlaß zur Auslösung einer Entwicklung, die sich schon vorbereitet hatte und zu einem weitgehenden Umsturz in der Gaswirtschaft führen sollte. Etwa ab 1957 drang die große Erdölwoge in die Industriestaaten des westlichen Europas ein. Sie bedrängte nicht nur die Steinkohlenförderung allgemein, sondern beeinflußte auch die Gaswirtschaft durch den Einsatz von Produkten der Mineralölwirtschaft wie Leichtbenzin und leichte Heizöle zur Gaserzeugung und durch die Aufarbeitung von Gasen der Erdölraffinerien zu Stadtgasqualität. Der Erdölwoge folgte, mit der ersten Hälfte der 60er Jahre beginnend, der Erdgasboom, in dessen weitzügiger Entwicklung wir heute stehen. Das Erdgas macht sowohl dem Einsatz von festen wie auch dem von flüssigen Brennstoffen zur Gaserzeugung Konkurrenz. Die neuen Gasarten werden in der Gaswirtschaft der BRD oft als NM-Gase bezeichnet, wobei N Naturgas und M Mineralölgas bedeuten.

Man findet bisweilen die Ansicht, daß die Verwendung von Erdgas ein Novum in der Brennstoffwirtschaft darstelle. In einigen Ländern mit großen Erdgasfunden hatte aber die Struktur der Gaswirtschaft schon seit mehreren Jahrzehnten andere Züge als die auf Kohle basierende Gaswirtschaft der Industriestaaten West- und Mitteleuropas. Doch bestaunte man in Europa die großräumige Reichgaswirtschaft der Vereinigten Staaten von Amerika damals nur als unnachahmbare amerikanische Kuriosität. Auf unserem Kontinent wurde in Rumänien frühzeitig Erdgas für Koch- und Heizzwecke eingesetzt. Seine weite Verbreitung in diesem Lande sei z. B. dadurch beleuchtet, daß selbst Touristenhütten in Höhen von 1800–2000 m schon in den 50er Jahren mit Erdgas versorgt wurden. Können die USA als klassisches Land der Erdgaswirtschaft im Weltmaßstab und Rumänien als solches im europäischen Maßstab betrachtet werden, so hat in den letzten 10 Jahren der Erdgaseinsatz Weltbedeutung erlangt, besonders nach den großen Erdgasfunden in der UdSSR.

Zur Beschaffenheit von Erdgas

Erdgas kommt häufig in genetischem Zusammenhang mit Erdöllagerstätten als Gaskappe über dem Öl vor. Für die Bildung reiner Erdgasvorkommen macht man unterschiedliche Migration der Komponenten Erdöl und Erdgas verantwortlich — einen Wanderungsprozeß, durch den es zu weitgehender Separation von Öl und Gas auf sekundären Lagerstätten in Speichergesteinen kommt.

Der beherrschende Heizwertträger im Erdgas ist bekanntlich das Methan mit einer Verbrennungswärme H_0 von 9517 und einem Heizwert H_u von 8576 kcal/m³ (1 m^3_n = 1 m³ im Normzustand, d. h. bei 0 °C und 760 Torr, auch geschrieben m^3 i. N.). Meist begleiten einige Prozente Äthan das Methan. Auch geringe Anteile von Propan, zum Teil auch von Butan, tragen zu dem hohen, den des Entgasungsgases aus Kohle um etwa 100% übersteigenden Heizwert bei. Bei einigen Provenienzen kommen auch noch geringfügige Gehalte an Pentan vor.

Die Ballastgase im Erdgas sind Stickstoff und in meist geringem Maße Kohlendioxid. In manchen Lagerstätten sind Helium oder Helium und Argon bemerkenswerte Begleitgase. Einige kalifornische Erdgase enthalten bis zu 7 Vol.-% Helium [1]. Erdgas ist daher Rohstoff für die Heliumgewinnung.

Die vorstehend gemachten Angaben beziehen sich auf das aufbereitete Erdgas. Erdgas im Förderzustand weist oft beachtliche Gehalte an Schwefelwasserstoff auf. Für nordamerikanische Rohgase werden Gehalte bis zu 6% angegeben. Bekannt ist der enorme H_2S-Gehalt des Roherdgases der Lagerstätte Lacq in Frankreich mit 15% [1]. In der Regel ist daher im Rahmen der Feldaufbereitung eine Entschwefelung des Rohgases erforderlich, wobei elementarer Schwefel oder Schwefelsäure als Nebenprodukt gewonnen werden kann. Roherdgase mit hohem H_2S-Gehalt werden als „saure Erdgase" bezeichnet.

Außerdem unterscheidet man im Förderzustand trockene und nasse Erdgase. Trockene Erdgase führen fast nur Methan als Energieträger. Nasse Erdgase sind solche, die — neben meist größerem Gehalt an C_2- bis C_4-Kohlenwasserstoffen — beachtliche Anteile an Gasbenzin und Gaskondensat aufweisen (Beispiel: 350 g stabiles Kondensat je m³ Gas im sowjetischen Vorkommen Vuktyl im NO des europäischen Teils der UdSSR [2, 3]). Diese durch die Feldaufbereitung des Gases ausgeschiedenen Produkte dienen petrolchemischen Zwecken sowie der Gewinnung von Fahrbenzin und leichten Dieselölen.

Für das getrocknete, entbenzinierte und meist entschwefelte Erdgas, das ferngeleitet wird und die vorstehend erwähnten Stoffe nicht mehr führt, errechnen sich die für seine Verwendung maßgebenden Größen nach Tabelle 1. In Tabelle 2 sind Analysenbeispiele zusammengestellt [4]. Sie weisen Methangehalte im Erdgas von 81 bis 96% aus. Von einigen sowjetischen Erdgasfeldern sind sogar Gehalte von 97,5 bis 99,5 Vol.-% bekannt geworden, die Spitzenqualitäten darstellen [5].

Als Schwankungsbereich des Heizwertes für vollwertiges Erdgas kann H_u = 7000 bis 10000 kcal/m^3_n angesehen werden, wobei der untere Grenzwert durch erhöhten Stickstoffgehalt und der obere durch höhere Gehalte

Tabelle 1

Formeln für Erdgaswerte

Verbrennungswärme:

$$H_0 = v_{CH_4} \cdot 95{,}17 + v_{C_2H_6} \cdot 168{,}24 + v_{C_3H_8} \cdot 243{,}2 + v_{C_4H_{10}} \cdot 320{,}1 \text{ kcal/m}^3{}_n \qquad \ldots{}^{1})$$

Heizwert:

$$H_u = v_{CH_4} \cdot 85{,}76 + v_{C_2H_6} \cdot 154{,}0 + v_{C_3H_8} \cdot 223{,}5 + v_{C_4H_{10}} \cdot 295{,}1 \text{ kcal/m}^3{}_n \qquad \ldots{}^{2})$$

v_{CH_4}, $v_{C_2H_6}$, $v_{C_3H_8}$, $v_{C_4H_{10}}$ = Volumenanteile der Gasbestandteile Methan, Äthan, Propan, n-Butan in %.

Verbrennungswärme und Heizwert in k Joule/$m^3{}_n$ ergeben sich durch Multiplikation der Werte von [1]) und [2]) mit 4,1868.

Wobbezahl: $K_{Wobbe} = \frac{H_0}{\sqrt{d}}$,

H_0 = Verbrennungswärme in kcal/$m^3{}_n$,

d = Dichte des Gases, bezogen auf Luft = 1.

Tabelle 2

Beispiele für Analysen von Erdgasen, bezogen auf schwefelfrei gereinigtes, trockenes Gas

		Land		USA		UdSSR		Italien	Frankreich	Algerien	BRD		Österreich
		Fundgebiet		Californien[1]	Texas	Saratow	Vuktyl[2]	Cortemaggiore	Lacq	Sahara[3]	Bentheim	Dollart	?
Bestandteile	Methan	CH_4	%	86,8	89,8	93,1	84,9	91,8	95,9	81,3	93,2	81,1	94,7
	Äthan	C_2H_6	%	7,2	2,3	2,5	7,7	5,1	3,2	6,8	0,6	2,4	1,8
	Propan	C_3H_8	%	4,3	—	1,5	2,0	—	0,5	2,3	—	0,5	0,2
	Kohlendioxid	CO_2	%	0,5	0,2	0,6	0,0	—	—	0,5	—	0,7	1,4
	Stickstoff	N_2	%	0,0	7,7	2,3	5,0	3,1	0,4	4,8	6,2	15,3	1,2
Dichte			kg/m^3_n	0,850	0,775	0,772	0,765	0,776	0,746	0,928	0,754	0,830	0,751
Verbrennungswärme		H_0	$kcal/m^3_n$	10900	8930	9640	9990	9590	9780	11040	8960	8260	9380
Heizwert		H_u	$kcal/m^3_n$	9860	8030	8680	9030	8630	8800	9990	8060	7450	8440
Wobbezahl		—	—	13470	11540	12470	12970	12230	12920	13050	11740	10320	12310

[1]) Das Gas enthält außerdem 1,2% C_4H_{10}.

[2]) Das Gas enthält außerdem 0,4% C_4H_{10} (mit Spuren von C_5H_{12}).

[3]) Das Gas enthält zusätzlich 1,5% C_4H_{10} und 2,8% C_5H_{12}.

an C_2- bis C_4-Kohlenwasserstoffen bei gleichzeitig geringem N-Gehalt bedingt wird. Es ist schwer, einen Durchschnittswert von H_u im Weltmaßstab anzugeben. Aus einer Berechnung des voraussichtlichen Erdgaseinsatzes für die BRD im Jahre 1975 [6] läßt sich ableiten, daß man mit einem Durchschnittswert von $H_u = 7\,700$ kcal/$m^3{}_n$ gerechnet hat. Hierbei ist zu berücksichtigen, daß die im Jahre 1975 für die Versorgung der BRD entscheidenden Erdgaslieferungen aus den Niederlanden und der BRD selbst kommen, so daß die Aufbesserung des Durchschnittsheizwertes durch sowjetische Erdgaslieferungen noch nicht sehr zu Buche schlagen wird. Im Weltmaßstab wird man künftig doch wahrscheinlich mit mindestens $H_u = 8\,050$ kcal/$m^3{}_n$ für Erdgas rechnen müssen. Da man für die Bilanzierung des Primärenergieaufkommens die Brennstoffe üblicherweise auf Steinkohle vom Heizwert $H_u = 7\,000$ kcal/kg umrechnet, ist also 1 $m^3{}_n$ vollwertiges Erdgas 1,15 kg Steinkohle äquivalent, oder es entsprechen 1000 $m^3{}_n$ Erdgas 1,15 t SKE (Steinkohleneinheiten). Die in Tabelle 2 mit aufgeführte brenntechnische Kenngröße der Wobbezahl erreicht mit 10000 bis 13500 den 2- bis 2,5fachen Wert gegenüber der Wobbezahl für Stadtgas aus Steinkohle, so daß bei Umstellung von Gasgeräten auf Reichgas die Brenner wegen des veränderten brenntechnischen Verhaltens des Erdgases ausgetauscht werden müssen.

In manchen Ländern, wie z. B. in der Deutschen Demokratischen Republik und zum Teil in der VR Polen, finden sich Erdgase geringeren Heizwertes, auch niederkalorische Erdgase genannt. Sie weisen Stickstoffgehalte bis zu 40, ja bis über 60% auf.

Gereinigtes Erdgas ist insofern ein umweltfreundlicherer Brennstoff als Kohle und Heizöl, als seine Verbrennungsgase keine Asche und kaum Schwefeloxide enthalten. Man nimmt auch an, daß man den Verbrennungsprozeß leichter auf Minimalwerte von CO und NO einstellen kann als bei festen und flüssigen Brennstoffen [7]. Gleichwohl laufen an verschiedenen Stellen Untersuchungen zur qualitativen und quantitativen Ermittlung etwaiger Schadstoffemissionen bei der Verfeuerung von Erdgas in Feuerungen verschiedener Art und Größe.[1])

Gegenwärtiger Anteil des Erdgases am Primärenergieaufkommen

Zur Kennzeichnung der gegenwärtigen Position des Erdgases in der Weltenergiewirtschaft wird nachstehend die prozentuale Aufteilung des Primärenergieaufkommens der Welt für 1969, das $6{,}5 \cdot 10^9$ t SKE betrug,

---

[1]) Es führen manche Erdgase (auch die niederkalorischen) Quecksilber als Schadstoff.

angegeben [8]:

Erdöl	42,6%
Stein- und Braunkohle	35,6%
Erdgas	19,2%
Wasserkraft, Kernenergie und sonstige Energiequellen	2,6%

Nach Erdöl und Kohle steht somit Erdgas mit 19,2% an dritter Stelle BELL [9] gibt den Anteil des Erdgases nur zu 17% an.

Die Bedeutung des Erdgases in den Energiebilanzen der einzelnen Staaten ist allerdings sehr verschieden. In den Vereinigten Staaten von Amerika deckt Erdgas sogar rd. $^1/_3$ des gegenwärtigen Energiebedarfes ab, in der Sowjetunion sind es 20% [2]. Andererseits gibt es bedeutende Industriestaaten im westlichen Europa, in denen 1969 der Anteil des Erdgases am Gesamtprimäraufkommen noch unter 3% lag.

In der Studie [8] wird im Anschluß an die obige Energiebilanz der Welt darauf hingewiesen, daß im gleichen Jahre 1969 rund 25% der Erdbevölkerung 79% des Primärenergieaufkommens benötigten, während die übrigen 75% sich mit 21% begnügten. BELL [9] kennzeichnet dieses Mißverhältnis so, daß die stärker industrialisierten 50% der Erdbevölkerung 90% des Primärenergieaufkommens in Anspruch nahmen, während auf die anderen 50% der Menschheit nur 10% entfielen. Diese Erwägungen geben der Prognose, daß der Primärenergiebedarf der Welt sich von $7 \cdot 10^9$ t SKE im Jahre 1970 auf 11 bis $12 \cdot 10^9$ t SKE im Jahre 1980 und weiter auf $18-22 \cdot 10^9$ t SKE im Jahre 2000 (zum Teil wird sogar von $25 \cdot 10^9$ t SKE gesprochen) erhöhen wird, eine große Wahrscheinlichkeit.[1]) Wird das Erdgas bei einer derart rapiden Entwicklung des Primärenergiebedarfs mithalten können?

Nachgewiesene gewinnbare Erdgasvorräte

PIENS [5] legte, gestützt auf Angaben im Oil and Gas Journal (1969) [10], eine Tabelle vor, die, offenbar für den Stand Ende 1968 gültig, Erdgasreserven in Höhe von $42420 \cdot 10^9$ m³ auswies. Neuerdings gab WEDEKIND

[1]) Prognosezahlen in dieser Größenordnung wurden wohl erstmals von dem englischen Nationalökonom SCHUMACHER aufgestellt; siehe: „Die europäische Kohle in weiterer Sicht". Festschrift zum Leobener Bergmannstag 1962; Wien 1963, S. 64–71. (Vergl. auch Bild 2 in E. RAMMLER „Die Kohlenveredlung in Braunkohlenländern im Rahmen der Entwicklungstendenzen der Energiewirtschaft"; Freiberger Forschungshefte A 364

[11] eine Aufstellung für den Stand der nachgewiesenen gewinnbaren Erdgasvorräte für Ende 1970, die mit 47330 · 10^9 m³ bzw. 47,33 · 10^{12} m³ abschließt. Von ihr wird bei den nachstehenden Betrachtungen ausgegangen. Eine dritte Vorratsangabe lautet auf 44900 · 10^9 m³ [12].

Abb. 1 läßt die Verteilung der nachgewiesenen Erdgasreserven auf Großgebiete erkennen. Die UdSSR stellt mit fast 15 Billionen m³ oder

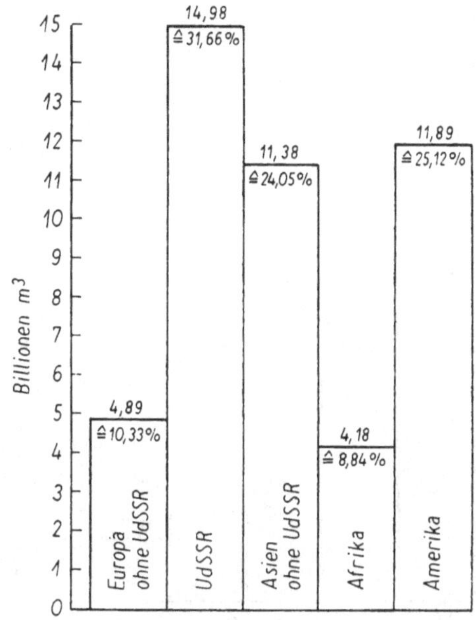

Abb. 1. Verteilung der nachgewiesenen gewinnbaren Erdgasreserven auf Großräume der Erde in 10^{12} m³ (Stand Ende 1970)

31,7% der Weltvorräte die größte Säule. Es folgen Amerika mit 25,1% und Asien mit 24%, am Ende rangieren Europa (ohne UdSSR) mit 10,3% und Afrika mit 8,8% der Vorräte. Ozeanien (Australien, Neuseeland usw.) ist in der WEDEKINDschen Tabelle nicht aufgeführt; aus von PIENS angegebenen Werten läßt sich schließen, daß die hier nachgewiesenen Vorräte 0,5 · 10^{12} m³ noch kaum überschritten haben dürften. Berücksichtigt man, daß nur etwa 22% der nachgewiesenen gewinnbaren Vorräte der UdSSR

(1966), S. 5—30.) Daß die SCHUMACHERsche Prognose sehr wohl abgewogen und vorsichtig aufgestellt war, zeigt sich daraus, daß seine Werte für 1965 und 1970 noch etwas niedriger liegen als diejenigen, die sich tatsächlich eingestellt haben.

im europäischen Teil liegen [13], so zeichnet sich deutlich ab, daß Asien mit nahezu 50% der Vorräte der erdgasreichste Kontinent unseres Planeten ist.

In Abb. 2 sind die Erdgasvorräte der 9 erdgasreichsten Länder der Erde dargestellt. Der Umfang der nachgewiesenen gewinnbaren Vorräte hat sich im Laufe der letzten 10 Jahre unter mehrfacher Umschichtung der Beteiligung der einzelnen Länder wesentlich gesteigert. Dabei rückte die

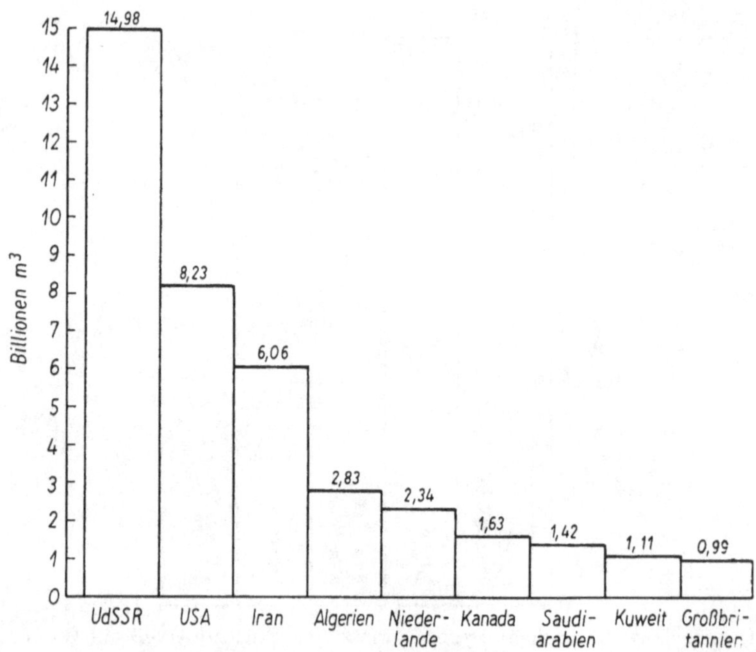

Abb. 2. Die Staaten mit den größten nachgewiesenen gewinnbaren Erdgasreserven der Welt in 10^{12} m^3 (Stand Ende 1970)

Sowjetunion an die Spitze der Erdgasvorratsländer der Welt, als die großen Erdgasvorkommen im asiatischen Teil, insbesondere ab 1967 in West- und Nordwestsibirien — im Gebiet von Tjumen bis herauf in das Gebiet von Jamalo-Nenzen am Eismeer — entdeckt wurden. Die in Förderung und Verbrauch von Erdgas vorrangigen USA stehen hinsichtlich der Vorräte mit $8{,}2 \cdot 10^{12}$ m^3 an zweiter Stelle nach der UdSSR. Als erstaunlich erdgasreich hat sich das alte große Erdölland Iran erwiesen. Mit $6{,}05 \cdot 10^{12}$ m^3 Reserven nimmt es nach der UdSSR und den USA die 3. Stelle unter den Erdgasvorratsländern ein. An der 4. Stelle folgt mit $2{,}83 \cdot 10^{12}$ m^3 ein zukunftsträchtiges Land Afrikas, nämlich Algerien.

Im westlichen Europa brachte eine bedeutende Überraschung die Entdeckung der Erdgasfelder in der Provinz Groningen im Norden der Niederlande im Jahre 1959 sowie ihre Erschließung in der ersten Hälfte der 60er Jahre. Die Niederlande, früher als Habenichts bezüglich des Vorkommens von Erdgas betrachtet, nehmen nunmehr mit $2{,}34 \cdot 10^{12}$ m^3 die 5. Stelle unter den Erdgasvorratsländern in der Welt und die 1. Stelle der Erdgasvorratsländer Europas (ohne UdSSR) ein.

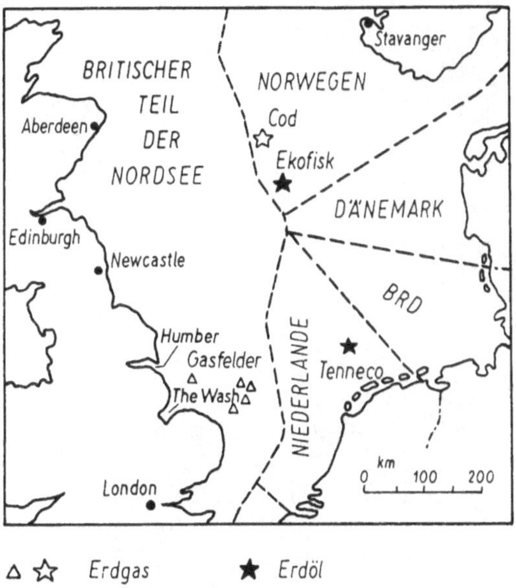

Abb. 3. Erdgas- und Erdölfunde in der Nordsee

Nachdem die untermeerische Gewinnung von Erdöl und Erdgas bereits in den USA (Ostküste) und in der UdSSR (Kaspisches Meer) realisiert worden war, kann man als logische Folge der Erdgasfunde in den Niederlanden die Ausdehnung der Erkundungsarbeiten auf das Schelfmeer der Nordsee ansehen. Ein Triumph der Meeresgeologie [14]: Man fand große Erdgasfelder vor der Ostküste Englands, östlich der Humbermündung und des The Wash-Busens im Süden der Doggerbank (Abb. 3) [15]. Großbritannien — bislang ebenfalls ein Land ohne Erdgasvorkommen — besetzte nunmehr den 9. Platz unter den Erdgasvorratsländern der Welt und den 2. Platz in der Rangfolge der Staaten Europas (ohne UdSSR). Weitere Erkundungserfolge ergaben sich vor der norwegischen Küste; durch sie wurde Norwegen zu einem Erdgasvorratsland von europäischem Rang. Die Ausbeutung der Erdgasvorräte unter der Nordsee wurde durch Auseinandersetzungen der Anliegerländer über die Aufteilung der Rechte verzögert.

Wie diese Explorationserfolge die Erdgasvorratslage in Europa (ohne UdSSR) beeinflußt haben, zeigt Abb. 4. Die neuen Erdgasländer Europas (Niederlande, Großbritannien, Norwegen) stehen mit insgesamt 73% der

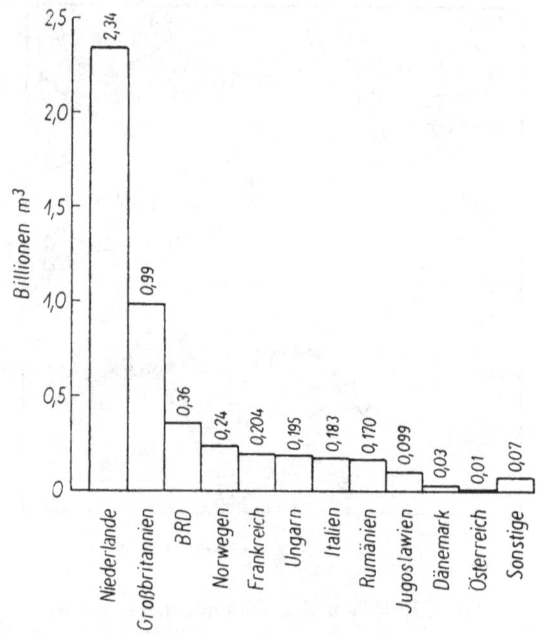

Abb. 4. Nachgewiesene gewinnbare Erdgasvorräte europäischer Staaten in 10^{12} m³ (Stand Ende 1970)

europäischen Vorräte nach dem Stand von Ende 1970 in der Spitzengruppe. In dieser hat sich von den alten Erdgasländern Europas nur die BRD mit 7,4% der Vorräte halten können. Die früher typischen Erdgasvorratsländer Europas, nämlich die SR Rumänien und Italien, sind vorratsmäßig mit 3,5 bzw. 3,7% Anteil an den europäischen Erdgasreserven zurückgetreten. Die Ungarische VR und Frankreich, deren Erdgasprospektierung sich günstig entwickelt hat, haben mit 4 bzw. 4,2% Vorratsanteil die gleiche Größenordnung erreicht.

Die Vorräte an Erdgasen geringeren Heizwertes, wie sie in der DDR und in der VR Polen gefunden wurden, sind in den verfügbaren Vorratsbilanzen nicht ausgewiesen. In unserem Staat waren bislang in Thüringen, in der Lausitz und in Mecklenburg nur Vorkommen von örtlicher Bedeutung und unterschiedlicher Qualität entdeckt worden. Erst im Verlauf der letzten Jahre wurde ein bedeutendes Erdgasfeld mit stickstoffreichem Erdgas im Gebiet der Altmark mit sowjetischer Hilfe erschlossen und seit etwa 1969 zunehmend ausgebeutet.

Kehren wir zu Abb. 2 zurück, so finden wir an 6. Stelle der Erdgasvorratsländer Kanada mit $1{,}63 \cdot 10^{12}$ m^3 aufgeführt. Die Position Kanadas wird sich voraussichtlich bald erheblich stärken, nachdem in letzter Zeit der Weg nach Norden, in die Küstenregionen des Eismeeres, die Erdöl- und Erdgasprospektoren Kanadas und der USA zu neuen großen Lagerstätten geführt hat.

Wenig durchsichtig und widerspruchsvoll sind zur Zeit die Angaben über die Erdgasreserven der Staaten Lateinamerikas (einschließlich der karibischen Inselwelt). Dies geht aus dem Vergleich der Vorratsaufstellungen nach Oil and Gas Journal [10] und nach WEDEKIND [11] hervor. Wie aus der Gegenüberstellung in Tabelle 3 ersichtlich ist, wird in [10] Bolivien mit Vorräten von $2{,}83 \cdot 10^{12}$ m^3 aufgeführt und würde demgemäß zu den 10 erdgashöffigsten Staaten der Welt gehören; in den Angaben von [11] fehlt Bolivien. Gemeinsam ist beiden Listen der Tabelle 3 nur die Benennung von Venezuela und Mexiko als wichtigste Erdgasvorratsländer Lateinamerikas. Aus der Statistik [10] geht hervor, daß auch Argentinien, Brasilien und Trinidad + Tobago als wichtigere Erdgasvorratsländer Lateinamerikas zu nennen sind.

Nach Abb. 2 stehen die Erdölländer Saudiarabien und Kuweit an 7. und 8. Stelle in der Welt hinsichtlich der Erdgasvorräte (1,4 bzw. $1{,}1 \cdot 10^{12}$ m^3). Hier zeigt sich deutlich, daß keine Parallelität hinsichtlich der Ordnung der Länder nach den Erdöl- und den Erdgasvorräten besteht. Unter den Ländern des Mittleren Ostens folgt an 4. Stelle nach Iran, Saudi-Arabien und Kuweit der Irak mit etwa $0{,}64 \cdot 10^{12}$ m^3 Erdgasreserven.

Unter den Staaten des Fernen Ostens steht Pakistan mit $0{,}99 \cdot 10^{12}$ m^3 Erdgasvorräten (nach [10]) weitaus an der Spitze. Es rangiert somit in gleicher Höhe wie Großbritannien in Abb. 2. Es folgen Afghanistan und Brunei (Borneo). Gegenüber Pakistan sind die bislang nachgewiesenen Erdgasreserven Indiens und Indonesiens und noch mehr die Japans gering. Über die Erdgasreserven Chinas sind keine einigermaßen sicheren Zahlen bekannt geworden.

In Afrika folgt nach Algerien, das nach Abb. 2 an 4. Stelle unter den Erdgasvorratsländern steht, Libyen (mit $0{,}85 \cdot 10^{12}$ m^3). In beträchtlichem

Tabelle 3

Vergleich zweier Aufstellungen der nachgewiesenen gewinnbaren Erdgasvorräte

Erdteile und Staaten	Nach Oil and Gas Journal 67 (1969) Nr. 52 [10] Mrd. m^3	Nach WEDEKIND Stand Ende 1970 [11] Mrd. m^3
Europa (mit UdSSR)		
UdSSR (einschl. asiatischem Teil)	–	14983
Niederlande	2330	2338
Großbritannien	991	991
BRD	343	362
Norwegen	–	240
Frankreich	300	204
Ungarische VR	–	195
SR Rumänien	–	170
Italien	178	178
Jugoslawien	99	99
Dänemark	–	30
Österreich	28	12
UdSSR (einschl. asiatischem Teil) und europäische RGW-Länder	9911	–
Sonstige	–	72
Afrika		
Algerien	4248	2833
Libyen	850	850
Ägypten	142	142
Nigeria	142	142
Gabun	142	–
Tunesien	28	–
Mozambique	28	–
Cabinda	14	–
Angola	4	–
Marokko	1	–
Sonstige	–	217
Amerika		
USA	8014	8231
Bolivien	2832	–

Tabelle 3 (Fortsetzung)

Erdteile und Staaten	Nach Oil and Gas Journal **67** (1969) Nr. 52 [10] Mrd. m³	Nach WEDEKIND Stand Ende 1970 [11] Mrd. m³
Amerika		
Kanada	1434	1632
Venezuela	708	765
Mexiko	340	340
Argentinien	227	—
Brasilien	142	—
Trinidad und Tobago	142	—
Kolumbien	86	—
Chile	71	—
Peru	71	—
Ekuador	4	—
Sonstige	—	920
Naher bzw. mittlerer Osten		
Iran	2832	6062
Saudi-Arabien	1416	1416
Kuweit	1104	1105
Irak	538	—
Abu Dhabi	283	—
Oatar	283	—
Kuweit, Neutrale Zone	99	—
Oman und Maskat	42	—
Bahrein	28	—
Dubai	14	—
Syrien	14	—
Türkei	6	—
Israel	2	—
Sonstige	—	1307
Ferner Osten		
Pakistan	991	
Afghanistan	144	
Brunei	142	
China	(71)	

Tabelle 3 (Fortsetzung)

Erdteile und Staaten	Nach Oil and Gas Journal 67 (1969) Nr. 52 [10] Mrd. m^3	Nach WEDEKIND Stand Ende 1970 [11] Mrd. m^3
Ferner Osten		
Indonesien	65	1492
Indien	57	
Taiwan	25	
Japan	17	
Burma	3	
Ozeanien		
Australien	453	–
Neuseeland	14	–

Abstand ordnen sich dann Ägypten, Nigeria und Gabun (etwa jeweils mit $0{,}15 \cdot 10^{12}$ m^3) ein.

Der Vergleich der beiden Statistiken in Tabelle 3 zeigt, daß die Bewertung der Höhe der als nachgewiesen und gewinnbar zu bezeichnenden Erdgasvorräte in manchen Fällen offenbar noch mit ziemlicher Unsicherheit behaftet ist. Dies gilt nicht nur für Bolivien, sondern auch für Algerien und den Iran. Während nach Abb. 2 der Iran an 3. und Algerien an 4. Stelle steht, wäre es nach [10] umgekehrt.

Denkt man sich die Stufung der Erdgasvorratsländer nach Abb. 2 fortgesetzt, so stehen an

10. Stelle Pakistan (gleichrangig mit Großbritannien),
11. Stelle Libyen,
12. Stelle Venezuela,
13. Stelle Irak.

Entwicklung und Stand der Erdgasförderung

Von der Betrachtung der Erdgasvorräte sei nun auf die Entwicklung und den Stand der jährlichen Erdgasförderung übergegangen. Die Statistik der Erdgasförderung hat noch nicht den gleichen Grad von Genauigkeit wie die Statistik der Kohle- oder Erdölförderung. Nicht immer wird das zur Druckregelung für die Erdölgewinnung zurückgepumpte, also sozusagen im Kreislauf gefahrene Erdgas in Abzug gebracht. Hinsichtlich der Erdölbegleitgase (Sondengase), die bei Erdölsonden und der zugehörigen Feldaufbereitung des Öles anfallen, wird unterschiedlich verfahren; teils werden sie als Erdgas mit angegeben, teils abgesetzt. In manchen Erdölländern, so z. B. in einzelnen Fundgebieten Afrikas oder Lateinamerikas wird Erdgas vorerst nur an den Fundorten selbst verbraucht und der Rest abgefackelt, ohne daß Angaben in der Statistik erscheinen. Offenbar werden aus solchen

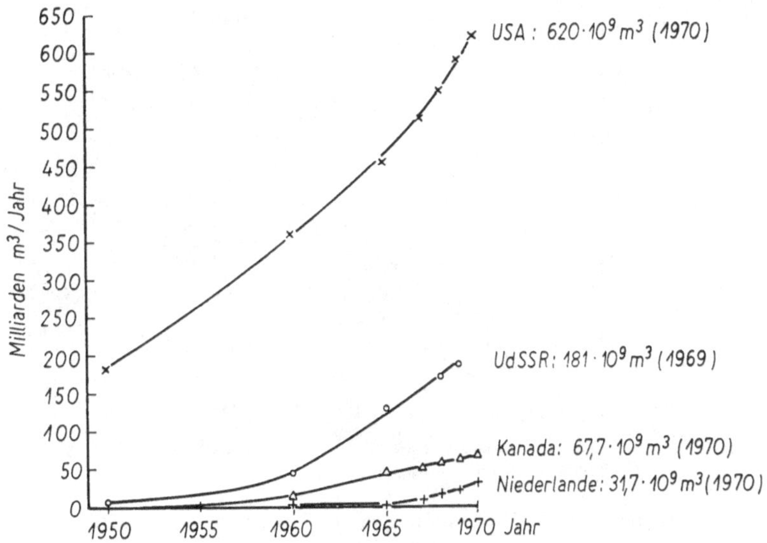

Abb. 5. Entwicklung der Erdgasgewinnung in den vier wichtigsten Erdgasförderländern von 1950 bis 1970 in 10^9 m^3/Jahr

Erwägungen im Anhang „Internationale Übersichten" des Statistischen Jahrbuches der DDR zwar für die Stein- und Braunkohlen- sowie für die Erdölgewinnung Zahlen für die Weltförderung angegeben, nicht aber — auch nicht in der neuesten Ausgabe 1972 — für die Welt-Erdgasförderung.

Die nachstehenden Bilder für die Erdgasförderung sind auf den Zahlen des Statistischen Jahrbuches der DDR für 1972 [16] aufgebaut. In Abb. 5 ist die Entwicklung der Jahresförderung in 10^9 m^3/Jahr für die wichtigsten Erdgasförderländer der Welt von 1950 bis 1970 dargestellt. Die Vereinigten Staaten von Amerika als das klassische Land der Erdgasverwertung förderten 1950 bereits 178 Milliarden m^3. Die Förderkurve stieg von 1950 bis 1970 progressiv an und erreichte im letztgenannten Jahr den hohen Wert von 620 Milliarden m^3. In der Sowjetunion betrug die Erdgasförderung

1950 noch unter 6 Milliarden m³, hiernach stieg die Förderung zunächst gleichmäßig bis auf 75 Milliarden m³ im Jahre 1960, von da an steilte sich die Kurve auf und erreichte 181 Milliarden m³ im Jahre 1969. Für 1970 wird die Förderung auf 196 Milliarden m³ angegeben [65]. Für 1975 sieht der Plan 320 Milliarden m³ vor. Es ist aber kein Zweifel, daß die Förderkurve

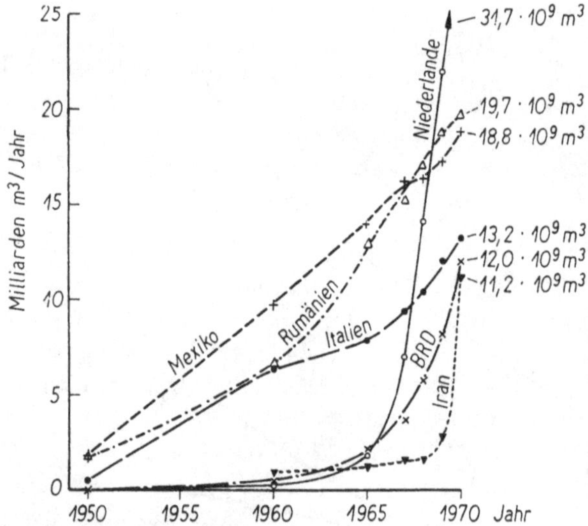

Abb. 6. Entwicklung der Erdgasförderung in den Ländern mit 10 bis 20 Milliarden m³ Förderleistung im Jahre 1970 von 1950 bis 1970 in 10^9 m³/Jahr

für die UdSSR einen neuen Steilanstieg erfahren wird, sobald genügende Transportkapazität für die Ausbeutung der gewaltigen Felder West- und Nordwestsibiriens geschaffen sein wird. Das nächstwichtige Erdgasförderland ist Kanada, das schon seit 1950 unentwegt den dritten Platz gehalten hat. Die Gasproduktion des viertwichtigsten Erdgasförderstaates, der Niederlande, war 1950 noch praktisch gleich Null und 1960 noch unbedeutend; von 1,8 Milliarden m³ im Jahre 1965 stieg sie immer steiler bis auf 31,7 Milliarden m³ im Jahre 1970. Ein Ende des Steilanstieges zeichnet sich noch nicht ab.

In Abb. 6 sind die Förderkurven für mittlere Erdgasförderländer aufgetragen, wobei hierunter solche mit 10 bis 20 Milliarden m³ Erdgasproduktion je Jahr verstanden werden sollen. Um den Anschluß an Abb. 5 aufzuzeigen, ist die Förderkurve für die Niederlande in Abb. 6 nochmals aufgenommen. An der Spitze dieser Gruppe steht die SR Rumänien, deren

Förderkurve sich von 6,5 Milliarden m³ im Jahre 1960 stark auf 19,7 Milliarden m³ im Jahre 1970 erhöhte. Diese Zahlen beziehen sich allerdings nur auf den Erdgasabsatz. Hieraus erklärt es sich wohl, daß die Statistischen Jahrbücher der UNO, die in [5] benutzt wurden, die Erdgasförderung Rumäniens bereits für 1960 zu 10,33 Milliarden m³ und für 1968 zu 21,73 Milliarden m³ angeben. In dieser Reihe liegen auch Förderangaben für 1970 mit 25,03 und für 1971 mit 28,72 Milliarden m³. Die SR Rumänien wurde hiernach erst 1969 von den Niederlanden überflügelt und fiel von dem 4. auf den 5. Platz im Weltmaßstab. Sie ist aber künftig in die Gruppe der großen Erdgasförderländer, also in Abb. 5, einzureihen.

Interessant ist der Verlauf der Erdgas-Förderkurve Italiens, die zwischen 1960 und 1965 eine deutliche Abschwächung zeigt, in den letzten 5 Jahren aber wiederum einen sehr beachtlichen Aufschwung genommen hat. Die Verflachung der Förderkurve war durch die abnehmende Ergiebigkeit der Erdgasfelder unter der Poebene bedingt, der erneute Aufschwung durch die Auffindung eines größeren Erdgasfeldes zwischen Ravenna und Rimini und kleinerer Vorkommen in Mittel- und Süditalien [5]. Neuerdings hat man auch in den Küstengewässern der Adria Erdgas gefunden [17].

Recht gleichmäßig hat sich der Anstieg der Erdgasförderkurve von Mexiko vollzogen. Hinsichtlich der absoluten Werte ist allerdings zu beachten, daß sie Druckregelgas und Erdölbegleitgase einschließen. Beachtlich ist der steile Anstieg der Erdgasförderkurve der BRD von 1965 bis 1970, aber noch auffälliger die schroffe Zunahme der Erdgasförderung des Irans von 2,8 Milliarden m³ im Jahre 1969 auf 11,2 Milliarden m³ im Jahre 1970. Ob sich das Beispiel der raschen Entwicklung der Erdgasförderung in den Niederlanden im Iran wiederholen wird, dürfte einerseits von der Entwicklung der Verschiffungsmöglichkeiten im Persischen Golf, andererseits des Landabsatzes nach dem Süden der UdSSR abhängen. Aus Abb. 6 ergibt sich für die mittleren Erdgasförderländer gegenwärtig die Reihenfolge: SR Rumänien, Mexiko, Italien, BRD, Iran. Die Erschließung der Erdgasfelder in der Nordsee hat bereits Früchte getragen. Die Erdgasförderung Großbritanniens aus diesen Vorkommen wird für 1970 zu $11 \cdot 10^9$ m^3_n und für 1972 zu $16 \cdot 10^9$ m^3_n geschätzt [64].

Abb. 7 zeigt schließlich für 1970 die Förderziffern der Länder, die 10 bis herunter zu rd. 1 Milliarde m³ Erdgas im Jahr produzieren — Länder aus allen Erdteilen in buntem Wechsel. Es wurde darauf verzichtet, für diese Gruppe der Länder mit kleiner Erdgasförderung auch die zeitliche Entwicklung der Förderung aufzuzeigen. In diese Gruppe gehören außer den europäischen Staaten Frankreich, VR Polen, Ungarische VR, Österreich und Jugoslawien die lateinamerikanischen Länder Venezuela, Argentinien,

Trinidad, Kolumbien und die fernöstlichen Staaten Indonesien, Pakistan, Japan. Von den afrikanischen Ländern ist nur Algerien aufgeführt; neuerdings hat auch Nigeria die Grenze von 1 Milliarde überschritten. Die Erdgasförderung Algeriens dürfte sich, wie weiter unten noch belegt wird, in den nächsten Jahren rasch der 10 Milliarden-Grenze nähern.

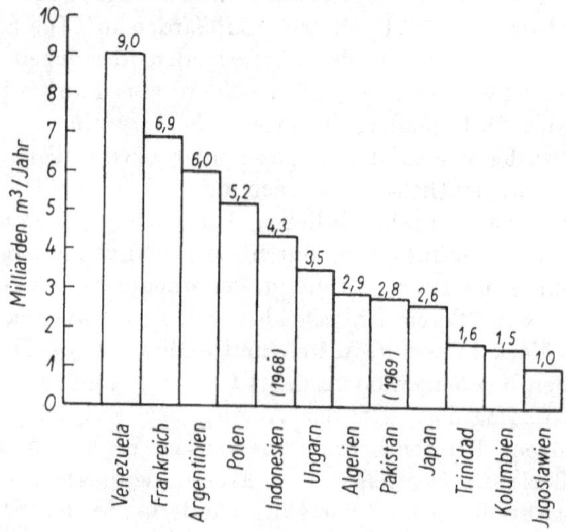

Abb. 7. Erdgasgewinnung der kleinen Erdgasländer im Jahre 1970 in 10^9 m³/Jahr

Was die Erdgase der DDR anbelangt, so betrug die Förderung 1971 rd. 2,8 Milliarden m³, für 1972 wird eine Förderung von über 5 Milliarden m³ erwartet [18]. Heizwertmäßig entspricht dies 2 bis 2,2 Mrd. m³ Erdgas von $H_u = 8000$ kcal/m³.

Vergleiche von Förderung und nachgewiesenen Vorräten

Es seien nun Förderung und Vorräte des Erdgases für einige wichtige Länder gegenübergestellt. Die Förderung der USA betrug im Jahre 1970 mit 620 Milliarden m³ rund 60% der Weltförderung. Dem stehen Vorräte von 8200 Milliarden m³ gegenüber, entsprechend einer Lebensdauer von 13 Jahren, falls der Erdgasverbrauch nicht mehr steigen würde und keine neuen Reserven erschlossen würden. Der Verbrauch wird aber, wie der Verlauf der Förderkurve in Abb. 5 zeigt, weiter wachsen. Andererseits standen einer Förderung von 547 Milliarden m³ im Jahre 1968 und 586

Milliarden m³ im Jahre 1969 nur neu erschlossene Reserven von 330 und 237 Milliarden m³ gegenüber [8]. Diese Jahre waren also bereits solche mit rückläufigem Reservestand.[1]) Die Maßnahmen, die zur Vermeidung einer Krise der Gasversorgung der USA erörtert werden, sind:

- verstärkte Einfuhr von verflüssigtem Erdgas, insbesondere aus Afrika, aber auch aus anderen Ländern;
- Verstärkung der Erdgasgewinnung aus dem östlichen Festlandsockel Nordamerikas;
- umfangreicher Aufschluß der Erdgasvorkommen im hohen Norden des amerikanischen Kontinents (Alaska, Kanada);
- Verbesserung des Ausbeutefaktors in manchen Lagerstätten durch Auflockerung des Gesteins mit Hilfe von Sprengungen durch Kernenergie;
- in weiterer Sicht Entlastung der Naturgasförderung durch Reichgasherstellung aus Steinkohle, wozu mehrere Verfahren entwickelt worden sind, deren technische Realisierung zum Teil durch Staatszuschüsse gefördert wird.

In der UdSSR betragen die nachgewiesenen Erdgasvorräte nach dem Stand von Ende 1970 rund das 75fache der Förderung in diesem Jahre. Daraus geht hervor, daß die Erdgasgewinnung in der UdSSR ohne Bedenken noch wesentlich erhöht werden kann. Es ist bereits ein Förderziel von 700 Milliarden m³ für die Zeit nach 1980 genannt worden [5].

Die Erdgasvorräte der Niederlande würden, gemessen an der Förderung von 1970, einer Lebensdauer von rd. 75 Jahren entsprechen. Wurde die mögliche Steigerung der Erdgasgewinnung noch vor kurzem mit 100 Milliarden m³ Endwert beziffert [5], so sind die neuesten Angaben bereits vorsichtiger, da andernfalls die Lebensdauer der Vorräte, falls nicht weitere im Schelfgebiet der Nordsee erschlossen würden, schon vor dem Jahre 2000 erschöpft sein würde [67]. Man stellt in den Niederlanden bereits Erwägungen an, ob eine solche Förderungspolitik nicht als unzweckmäßig zu bezeichnen wäre.

---

[1]) Die in den USA seit 1969 sich bemerkbar machenden Schwierigkeiten in der Deckung des Energiebedarfes werden nach Pressenotizen sowie nach der Studie [8] zum Teil darauf zurückgeführt, daß die Erdgasförderung nicht stärker gesteigert werden konnte. Die von den staatlichen Behörden zu niedrig festgesetzten Preise hätten es den Gewinnungsgesellschaften nicht erlaubt, die Suche nach neuen Erdgaslagern und die Aufschlußarbeiten in dem erforderlichen Umfange durchzuführen.

Prognostische Erdgasvorräte

Die Erdgasförderung im Weltmaßstab betrug — mit der weiter oben erwähnten Ungenauigkeit berechnet — $1{,}05 \cdot 10^{12}$ m³ im Jahre 1970. Die für Ende 1970 nachgewiesenen gewinnbaren Erdgasreserven der Erde von 47,3 Billionen m³ entsprechen also etwa dem 45fachen der Erdgasförderung des genannten Jahres. Nach Piens [5] ist die Erdgasförderung von 1961 bis 1968 um durchschnittlich 8,3% je Jahr gewachsen. Sie wird weiter ansteigen, und die Lebensdauer der heute nachgewiesenen gewinnbaren Erdgasreserven wird somit wesentlich kleiner als 45 Jahre sein. In welchem Maße besteht nun Aussicht auf die Erschließung weiterer Erdgasvorräte? Hierzu bedarf es der Betrachtung der prognostischen Reserven.

In den Vereinigten Staaten von Amerika hat die Erdgasgewinnung aus dem östlichen Festlandsockel schon mit Beginn der 50er Jahre, wenn auch zunächst nur in geringem Umfange, angefangen. Im Jahre 1969 stammten bereits 13,2% der Erdgasförderung der USA (immerhin 77 Milliarden m³) aus dem Schelf [14]. Von USA-Seite liegt eine Schätzung vor, wonach im Festlandsockel der USA gewinnbare Erdgasvorräte von 25 Billionen m³ bei Wassertiefen bis zu 200 m vermutet und weitere 25 Billionen m³ als mit Grenzkosten gewinnbar angesehen werden [19]. Die Erfolge der USA in der Offshore-Gewinnung von Erdgas und die Entdeckung der Erdgaslagerstätten unter der Nordsee haben Explorationstätigkeit in den Schelfgebieten aller Kontinente hervorgerufen.

Freilich wird die Gewinnung von Erdgas aus solchen Vorkommen mit erhöhten Gestehungskosten verbunden sein. Bei Arbeiten im Schelf rechnet man mit einer Erhöhung der Explorationskosten auf das 3fache gegenüber Vorkommen auf dem Festland. Hinzu kommen hohe Aufwendungen für die Unterwasserpipelines.

Die große Erdgaszone im hohen Norden Amerikas und Asiens bis zu den Ufern des Eismeeres und in dessen Schelfgebiet ist noch keineswegs ausreichend durchforscht. Nach Rummert [20] werden im amerikanischen Polargürtel 26 Billionen m³ Erdgas zu finden sein. Auch im Polargebiet Kanadas ist mit erhöhten Gestehungskosten zu rechnen. Der Boden ist tief gefroren, z. B. bis 200 m bei −20 °C. Im Sommer verwandelt sich die obere Schicht in einen Schlammsumpf. Die Kosten je Bohrmeter steigen auf das Mehrfache an.

Ähnliche klimatische Bedingungen treffen für einzelne der nordsibirischen Erdgasvorkommen zu. In dem am Rande des Eismeeres liegenden Erdgasfeld Jamalo-Nenzen (Samojeden-Halbinsel) beträgt z. B. die Permafrostschicht bis 400 m, die Wintertemperatur bis −56 °C; an 57 Tagen im Jahr herrschen Schneestürme; über 220 Tage im Jahr liegt eine Schneedecke von einer mittleren Dicke von 80 cm. Das Erdgas muß hier bei der Feldaufbereitung auf einen Taupunkt von −30 °C getrocknet werden, ehe es der Fernleitung übergeben werden kann [21].

Die größten prognostischen Erdgasvorräte weist die UdSSR auf. Ihre Erdgasvorräte sind über das gesamte Staatsgebiet verteilt. Erdgas wird in der Ukraine (Charkow, Drogobytsch), zwischen Wolga und Ural, in Kaukasien und im Kubangebiet, in Turkmenistan und Usbekistan, in West- und Nordwestsibirien und auf der Insel Sachalin gewonnen, ohne daß diese Aufzählung vollständig ist [22, 65, 66]. Nach BERNSTEIN [13] sind zur Zeit etwa 570 Erdgas- und Gaskondensatlagerstätten in der UdSSR erkundet, wobei über 80% der Vorräte in 40 Vorkommen konzentriert sind. Die sicheren Vorräte wurden von offizieller sowjetischer Seite anfangs 1970 zu 12 Billionen m^3 angegeben [2], von WEDEKIND für Ende 1970 bereits auf rd. 15 Billionen m^3 beziffert [11]. Für 1980 wird nach [13], da sich z. Z. 130 Felder in der Abbauvorbereitung befinden, mit erkundeten Erdgasvorräten der UdSSR in Höhe von 22 bis 25 Billionen m^3 gerechnet. Die prognostischen Erdgasvorräte der UdSSR wurden nach sowjetischen Angaben von 1970 auf 83 Billionen m^3 geschätzt. Damit dürfte die etwas ältere Angabe in [5] mit 70 Billionen m^3 bereits wieder überholt sein.

Addiert man die in diesem Abschnitt zusammengestellten prognostischen Vorräte, so erhält man rd. 160 Billionen m^3. In Anbetracht dessen, daß auch in anderen Gebieten noch Reserven anzunehmen sein werden, kann diese Zahl als Mindestwert betrachtet werden.

Zur Lebensdauer der Erdgasvorräte

Die nach dem Stand von Ende 1970 als gewinnbar nachgewiesenen Erdgasvorräte von $47{,}3 \cdot 10^{12}\,m^3$ entsprechen rd. $54 \cdot 10^9$ t SKE. Der akkumulierte Primärenergiebedarf der Welt für die Zeit von 1971 bis 2000 wird auf 400 Milliarden t SKE geschätzt [8]. Es sei davon ausgegangen, daß der jetzige Anteil des Erdgases in Höhe von etwa 20% am Primärenergieaufkommen der Welt in dieser Zeitspanne ständig aufrecht erhalten werden soll. Somit wären $80 \cdot 10^9$ t SKE in Form von Erdgas von 1971 bis 2000 aufzubringen. Es ist also bereits notwendig, bis zum Jahre 2000 $26 \cdot 10^9$ t SKE in Form von Erdgas, also rd. $23 \cdot 10^{12}\,m^3$ Erdgas, aus den oben mit rd. $160 \cdot 10^{12}\,m^3$ geschätzten prognostischen Vorräten zu decken. Die Jahresförderung an Erdgas in der Welt wird unter der Voraussetzung eines Anteils des Erdgases von 20% am Primärenergieaufkommen von $21 \cdot 10^9$ t

SKE im Jahre 2000 4,2 Mio t SKE, entsprechend $3{,}6 \cdot 10^{12}$ m³, betragen. Würde man diese Förderung ab 2000 nicht mehr steigern, so würden die verbleibenden 137 Milliarden m³ prognostische Vorräte, wenn sie voll erschlossen werden, etwa bis zum Jahre 2040 ausreichen.

Man darf natürlich nicht übersehen, daß Berechnungen solcher Art unter dem Gesichtspunkt des „Als ob ...“ zu werten sind. Man kann heute die Entwicklung des Energiebedarfs in der ersten Hälfte des nächsten Jahrhunderts noch nicht übersehen. Wächst er weiter, wie zu erwarten ist, oder steigt der Anteil des Erdgases vielleicht noch im jetzigen Jahrhundert über 20% des Primärenergieaufkommens, was bei dem gegenwärtigen Drang nach Erdgas nicht ausgeschlossen ist, so würden die heute abgeschätzten prognostischen Vorräte nicht bis zum Jahre 2040 ausreichen. Neuerdings ist Bohn [23] von der Annahme ausgegangen, daß der Sättigungswert der Primärenergiebedarfskurve erst im Jahre 2100 erreicht werden wird. Man darf auch den Unsicherheitsfaktor in den noch so sorgfältigen Schätzungen der Geologen und Geophysiker nicht übersehen. Denn im übertragenen Sinne gilt auch hier der alte Spruch des Steinkohlenbergmanns: „Hinter der Hacke ist es duster“. Andererseits hat aber die Erdgassuche in den Schelfgebieten der Kontinente erst jetzt in breiterem Umfange eingesetzt, und auch auf dem Festland sind, vor allem in Afrika, Australien und Lateinamerika, weitere prognostische Vorräte anzunehmen.

Es sei abschließend noch eine kurze Betrachtung der Frage gewidmet, welche Vorstellungen über die möglichen Erdgasvorräte in der Welt vorliegen. Auf dem 11. Kongreß der Internationalen Gasunion (IGU), der 1970 in Moskau stattfand, sind nach einem zusammenfassenden Bericht von Boi [24] über die Verhandlungen der Sektion A die möglichen Weltvorräte in der Größenordnung von 900 Billionen m³ (davon 180 Billionen in der SU) geschätzt worden. Demgegenüber beziffert Hubbert [25] den potentiellen förderfähigen Erdgasvorrat nur auf 240 bis 340 Billionen m³. Es hätte also keinen Zweck, bei der hohen Unsicherheit dieser Zahlen wie aller anderen Faktoren, die in die Rechnung eingehen, ermitteln zu wollen, ob und wie weit die Erdgasförderung sich noch in die zweite Hälfte des nächsten Jahrhunderts mit wesentlichen Anteilen am Primärenergieaufkommen erstrecken wird.[1])

---

[1]) Neuerdings sind im Zusammenhang mit der Erdgasexploration in den Polarzonen in der Presse Vorratsangaben in der Größenordnung von 15 Trillionen m³ aufgetaucht. Da 1 Trillion m³ = 10^{18} m³ ist, bedeuten 15 Trillionen m³ beim Umrechnungsfaktor 1,15 rd. $17 \cdot 10^{18}$ kg SKE oder $17 \cdot 10^{15}$ t SKE $\triangleq$ $17000 \cdot 10^{12}$ t SKE. Die Stein- und Braunkohlenvorräte der Erde werden nur auf $8000 \cdot 10^{9}$ t SKE $\triangleq$ $8 \cdot 10^{12}$ t SKE geschätzt. Man ersieht hieraus, wie vorsichtig man mit der Trillion umgehen muß.

Erdgas als internationales Handelsgut

Im vorstehenden Abschnitt haben sich unsere Betrachtungen stark der Grenze energiewirtschaftlicher Zukunftsspekulation genähert. Sie sollen sich daher nun wieder gegenwärtigen Aspekten der Erdgasproblematik zuwenden. Ursprünglich war in den anfänglich wenigen Gewinnungsländern das geförderte Erdgas restlos selbst verbraucht worden. Weder die USA noch die UdSSR exportierten Erdgas. Erst als in einigen Ländern — die ersten waren Algerien und Holland — Erdgas weit über den eigenen Bedarf hinaus anfiel, wurde es internationales Handelsgut. Für den Ferntransport war von großer Bedeutung, daß zu dem Bau von internationalen Pipelines für Erdgas in der Naturform auf dem Festland der, wenn auch teuerere Tankertransport von verflüssigtem Erdgas über See trat. Die entscheidende Zeitmarke war wohl das Jahr 1964, in dem die Schiffstransporte verflüssigten Erdgases von Algier nach England und Frankreich begannen [9]. Die zweite bedeutsame Marke dieser Entwicklung des Erdgases zur internationalen Handelsware war das Auftreten der UdSSR als Erdgasexporteur mit dem Ziel, die RGW-Staaten und auch andere Länder in Mittel-, Süd- und Westeuropa mit Erdgas aus Sibirien über Entfernungen bis über 5000 km durch das Ferntransportunternehmen „Nordlicht" zu versorgen. Teilstrecken dieses längsten Erdgastransportsystems der Erde werden erstmalig mit Rohren vom Durchmesser 2,5 m ausgerüstet. Wie KORTUNOV, Minister für Gasindustrie der UdSSR, in einem 1970 erschienenen Aufsatz mitteilte [2], bearbeitet man für lange Erdgastransportsysteme in der UdSSR eine neue Technologie, nämlich die des Transports von gekühltem verflüssigtem Erdgas in Rohrleitungen bei Drücken über 200 at.

Außer der Sowjetunion und den Niederlanden fördert kein europäischer Staat so viel Erdgas, daß er einen mehr oder minder großen Teil davon exportieren könnte. Holländisches Erdgas wird daher in beträchtlichem Umfange in der BRD, in Frankreich, in Belgien und in der Schweiz verbraucht. Eine transalpine Pipeline wird durch die BRD und die Schweiz nach Italien für eine Lieferung von 6 Milliarden m^3 Erdgas pro Jahr ab 1974 gebaut.[1])

Schon seit einigen Jahren [26] liefert die Sowjetunion Erdgas in die benachbarten RGW-Länder VR Polen und ČSSR sowie nach Österreich, dessen Eigenerzeugung nicht mehr steigerbar ist. Sie hat ferner 1970 einen

---

[1]) Ursprünglich war offenbar beabsichtigt, die transalpine Pipeline von den Niederlanden durch Belgien, Frankreich und die Schweiz nach Italien zu führen [9].

Vertrag mit der BRD über eine Lieferung von 52 Milliarden m³ Erdgas in 20 Jahren nach Bayern und ferner einen solchen mit Italien über eine Lieferung von 100 Milliarden m³ Erdgas in 20 Jahren, beginnend 1973, abgeschlossen und hat auch mit Finnland Vereinbarungen über Erdgaslieferungen getroffen [2].

Nachdem die von der ČSSR gebaute Transitleitung von der UdSSR über die ČSSR zur Grenze der DDR fertiggestellt ist [27, 28] und die DDR den Strang von der Grenze bei Olbernhau (Erzgebirge) bis zum Ende in Piesteritz (bei Wittenberg) fertiggestellt haben wird [29], wird ab 1973 hochwertiges sowjetisches Erdgas, steigend bis 1975 auf etwa 4 Milliarden m³ jährlich [18], in die DDR einfließen. Von der erwähnten Transitleitung durch die ČSSR zweigt ein Strang nach der Ungarischen VR ab. Zwischen dem sowjetischen Donauhafen Ismail und dem bulgarischen Warna wird eine Erdgasleitung zur Belieferung der VR Bulgarien ab 1974 gebaut werden [30].

Neuerdings sind weitere Verhandlungen zwischen der sowjetischen Erdgasexportgesellschaft Sojuznefteexport und der Ruhrgas AG über einen Zusatzvertrag geführt worden, wonach die Erdgaslieferungen spätestens ab 1979/80 auf 7 Milliarden m³ jährlich erhöht werden sollen [31, 32]. Auch Belgien verhandelt über den Bezug von sowjetischem Erdgas, und Frankreich ist nicht uninteressiert [30]. Aus der Sowjetunion verlautet, daß sie bereit sei, ihren Erdgasexport in der weiteren Entwicklung auf 50 bis 60 Milliarden m³/Jahr zu erhöhen.

Neue Routen sind für den Schiffstransport von verflüssigtem Erdgas eingerichtet worden (Abb. 8), z. B. von Algerien nach den USA.[1]) Durch die Erdgasfunde in den Niederlanden entwickelte sich der Erdgasexport von Algerien nach Großbritannien und Frankreich nur schwach. Erst 1969 wurde ein Abschluß mit den USA über Lieferung von jährlich 10 Milliarden m³ Erdgas über 25 Jahre in die USA getätigt [5].[2]) Die USA beziehen auf

[1]) Abb. 8 stammt aus der Arbeit von BELL [9], wurde aber, abgesehen von der Verdeutlichung der Namen, durch Eintragen vermutlicher künftiger Transportrouten von der Polarzone nach Japan und Westeuropa ergänzt.

[2]) Der Absatz von verflüssigtem Erdgas aus Algerien wird sich stark vergrößern. Inzwischen sind weitere Verträge geschlossen worden, die bis 1980 zu einer Jahreslieferung von 22 Mrd. m³ nach den USA, Frankreich, Großbritannien und Spanien führen können. Neuerdings hat ein Konsortium aus 5 Gasverkaufsgesellschaften Belgiens, der BRD und Frankreichs von der algerischen Staatsgesellschaft Sonatrach eine Option auf jährliche Lieferung von 10 bis 13 Mrd. m³ Erdgas in verflüssigter Form ab 1978 auf die Dauer von 20 Jahren genommen. Algerien dürfte daher gegen Ende dieses Jahrzehnts zu den größten Erdgasexporteuren zu rechnen sein (siehe Erdöl und Kohle **25** (1972), S. 370/371).

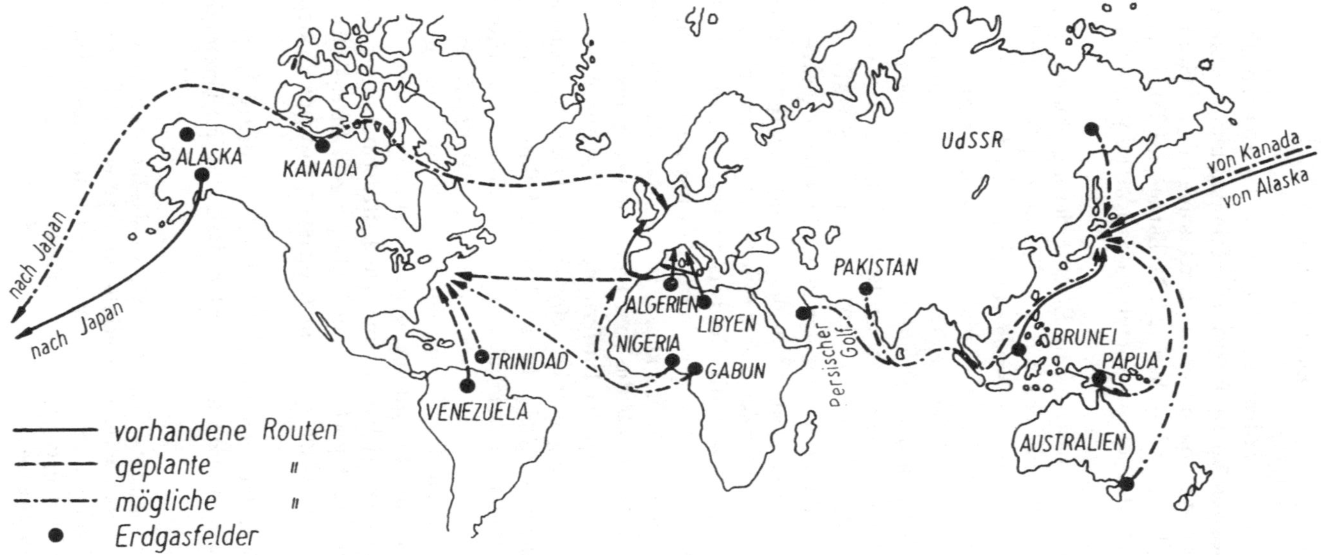

Abb. 8. Transportrouten für flüssiges Erdgas

dem Schiffswege auch Erdgas aus Venezuela. Es ist anzunehmen, daß sie künftig auch alles verfügbare Erdgas aus Trinidad und Westafrika (Nigeria, Gabun) in Anspruch nehmen werden. Erdgas aus Libyen wird nach Spanien (1 Milliarde m^3/Jahr) und Italien (2,3 Milliarden m^3/Jahr) verfrachtet [5]. Dieser Absatz ist aber unzureichend, so daß in Libyen noch viel Erdgas abgefackelt wird.

Japan, das nur eine bescheidene Eigenförderung von unter 3 Milliarden m^3/Jahr hat, schloß einerseits mit amerikanischen Ölgesellschaften schon 1967 einen Vertrag über den Bezug von jährlich 1,4 Milliarden m^3 Erdgas aus Offshore- und Landfeldern Südalaskas ab, andererseits einen Vertrag mit der Shellgruppe und der Regierung des Staates Brunei (Borneo) auf Lieferung von 90 Milliarden m^3 Erdgas in 20 Jahren, beginnend 1972, aus den Offshore-Feldern an der Küste von Brunei [5]. Hier wird eine der größten Erdgasverflüssigungsanlagen bis 1973 gebaut [32]. Als weiteres Versorgungsgebiet für Japan kommt der Persische Golf in Frage. Diese Route ist allerdings 15000 km lang. Mit dem Aufschluß der Lagerstätten im Polargebiet von Nordamerika bietet sich für Japan unter Umständen der Erdgasbezug von dort über die Nordwestpassage an, eine Route, die nur halb so lang ist wie die eben erwähnte. Man hat auch errechnet, daß die Transportentfernung vom Mackenzie-Delta (Kanada) bis nach Europa (Rotterdam) nicht länger als die vom Persischen Golf aus durch den Suez-Kanal ist und etwa nur $^1/_3$ der Entfernung vom Persischen Golf aus um das Kap der Guten Hoffnung beträgt [20]. Doch scheint die Realisierung derartiger Erwägungen fraglich, da die USA bei ihrer schwierigen Erdgassituation sich wohl darum bemühen werden, sich die Produktion der Polarzone des nordamerikanischen Kontinents möglichst weitgehend zu sichern.

Wie der vorstehende Überblick zeigt, hat sich rasch ein internationaler Gasmarkt entwickelt. Frankreich und Italien, aber auch die BRD und Jugoslawien bemühen sich um eine Diversifizierung ihrer Versorgungsquellen unter möglichst vorteilhaften Bedingungen. Offensichtlich fürchtet man Rückwirkungen einer etwaigen Erdgasverknappung in den USA auf den europäischen Markt.[1])

Weiter oben war der Iran als das Land mit den drittgrößten nachgewiesenen Erdgasreserven bezeichnet worden. BELL [9] hat bereits darauf hin-

---

[1]) Nach Ausführungen von WEDEKIND [11] will die Brüsseler Europa-Kommission den europäischen Staaten einen Vorschlag für den Status eines gemeinsamen Unternehmens auf dem Kohlenwasserstoffsektor unterbreiten, um insbesondere Versorgungsengpässe in der Belieferung mit Erdgas zu vermeiden und die Anstrengungen auf dem Gebiet der Erdgassuche zu verstärken.

gewiesen, daß der Mittlere Osten derzeit nur über eine Hauptgasleitung, nämlich die Transiranische Erdgasleitung, die vom Kaspischen Meer zum Persischen Golf führt, verfügt. Das Ministerium für Gasindustrie der UdSSR hat am nördlichen Teil dieser Leitung Bauarbeiten ausgeführt [2]. Inzwischen ist ein Gasliefervertrag über 6 Milliarden m³ an die Sowjetunion abgeschlossen; die Lieferung soll ab 1976 auf 10 Milliarden m³/Jahr erhöht werden [33]. Damit ist ein Anfang für die bessere Auswertung der großen Erdgasvorräte des Irans gemacht. Der große Erdgasexporteur UdSSR tritt in diesem Falle und im übrigen auch noch im Falle Afghanistan, das seit 1967 Erdgas in die UdSSR liefert [2], als Erdgasimporteur in Erscheinung.

In der Sowjetunion verfolgt man die Erörterungen über die künftige Entwicklung und Deckung des Erdgasbedarfs der USA aufmerksam [34]. In der westlichen Presse wird schon die Frage aufgeworfen, ob ein Bezug verflüssigten Erdgases aus der UdSSR für die USA in Frage käme [35].[1])

Vor etwa 50 Jahren wurden Ausdrücke wie „Erdöldiplomatie“, „Erdölpolitik“ geprägt. Was sich zur Zeit um das Erdgas abspielt, kann als ein sehr interessantes Kapitel „Erdgaspolitik“ bezeichnet werden.

Der Drang nach dem Einsatz von Erdgas ist jetzt sehr intensiv, weil

- seit 1970 die Erdölpreise für das westliche Europa bis zu 70% gestiegen sind [36], während die Erdgaspreise sich nur mäßig erhöht haben, so daß die Preislage von Erdgas gegenüber Heizöl zur Zeit günstig ist;
- der Gasbedarf im kommunalen Sektor durch zunehmende Verwendung von Gas für die Raumheizung stark ansteigt und sich auch bereits ein wachsender Gasbedarf für Klimatisierungsanlagen ankündigt;
- Gas auch im kommunalen Sektor ein umweltfreundlicherer Brennstoff als Heizöl ist.

Daß sich die Gestehungskosten des Erdgases in dem Maße, wie die geographisch und klimatisch ungünstig gelegenen sowie die untermeerischen Vorkommen zunehmend erschlossen werden, erhöhen werden, wurde schon angedeutet.

Zur Verwendung von Erdgas

Die Betrachtungen zur Verwendung von Erdgas müssen zweckmäßig getrennt für stickstoffarmes und stickstoffreiches Erdgas durchgeführt werden.

[1]) Auch die Beteiligung Japans an dem Aufschluß der fernöstlichen Erdgasvorräte der UdSSR ist im Gespräch.

Stickstoffarmes Erdgas

In den beiden weitaus an der Spitze stehenden Erdgasländern, den USA und der UdSSR — Supermächte auch auf diesem Felde — wird ein beachtlicher Teil des geförderten Erdgases in öffentlichen Kraftwerken, Heizkraftwerken und Industriekraftwerken zur Strom- und Dampferzeugung verwendet. Für den Energietechniker ist diese Art der Erdgasverwendung sehr reizvoll, denn die Anlagekosten für die feuerungstechnischen Einrichtungen sind niedrig, Rauchgasentstauber entfallen, die Abgase enthalten keinen Staub und kaum Schwefeloxide, die Verbrennung läßt sich praktisch vollkommen gestalten.

In diesem Zusammenhang sind Ausführungen von JEFIMOW, wonach im europäischen Teil der Sowjetunion in einigen Fällen die Entwicklung der Produktivkräfte in gewissem Umfange durch Verknappung an Brennstoffen und Elektroenergie gehemmt wurde [37], interessant. Durch die neu entdeckten Erdöl- und Erdgaslagerstätten wurde es möglich, die Versorgung in diesen Gebieten zu verbessern. Es wurden hierzu auch große Wärmekraftwerke mit Erdöl- und Erdgasfeuerung gebaut.

Wegen der genannten Vorteile sind auch in Erdgasimportländern immerhin Fälle der Verfeuerung von Erdgas in Kraft- oder Heizkraftwerken zu verzeichnen. So ist z. B. in der BRD im Gebiet um Kassel kürzlich ein überaltertes Braunkohlenkraftwerk auf Erdgas aus dem Dollartgebiet, also heimisches Erdgas, umgestellt worden; der erzielte Erfolg bezüglich des Umweltschutzes wird besonders hervorgehoben [38]. Das Kraftwerk „Robert Frank“, das als erstes in der BRD schon seit 1960 Erdgas in Kesseln mit bivalenten Feuerungen (Erdgas und Heizöl) verwendete, hat neuerdings einen 510 MW-Block ausschließlich für Beheizung mit Erdgas bestellt [39]. In Hamburg wird ebenfalls Ende 1973 ein 500 MW-Block mit einem Dampferzeuger von 1550 t/h Dampfleistung, der Ende 1973 in Betrieb kommen soll, für Erdgasfeuerung gebaut [40], eine etwa notwendige spätere Umstellung auf Heizöl soll möglich sein. Auf dem Gelände des Hüttenwerkes Huckingen wird ein im wesentlichen mit Erdgas befeuerter 350 MW-Block errichtet, der gleichzeitig wechselnde Überschüsse von Gichtgas und Abhitzedampf verwerten soll [41].

Gleichwohl nehmen aber in der BRD die für Kraftwerke verfügbaren Erdgasüberschüsse immer mehr ab [42]. Zukünftig werden in der Hauptsache nur bivalente, d. h. für die Verfeuerung von Heizöl und Erdgas oder von Kohlenstaub und Erdgas geeignete Dampferzeuger in Frage kommen. In ihnen werden auf Grund sogenannter „unterbrochener Verträge“ zeitweilig unregelmäßig gelieferte überschüssige Erdgasmengen, zu niedrigeren Preisen verkauft, verwertet. Es handelt sich hier z. B. um sommerliche Gasüberschüsse, bedingt durch den Ausfall der Raumheizung im kommunalen Sektor in dieser Jahreszeit.

Es ist übrigens häufig zu beobachten, daß in Ländern, in denen plötzlich neue Erdgasvorkommen erschlossen werden oder die Einfuhr von Erdgas gerade eben einsetzt, ein erheblicher Teil der zusätzlichen Erdgasmenge vorerst in Kraftwerken untergebracht wird, bis allmählich die Bedingungen für die optimale Einsatzstruktur geschaffen sind.

Auch in Erdgasimportländern, die die Verteilung des Gases auf die einzelnen Verwendungsgebiete sorgfältig abwägen müssen, ist übrigens der Einsatz von Erdgas für Gasturbinen, die zur Deckung von Spitzenstrombedarf dienen, stets ein hochwertiger Verwendungszweck. Im übrigen sollten aber im industriellen Sektor dem wertvollen Energieträger Erdgas die „technologischen Feuerungen", d. h. insbesondere die Industrieöfen in der Keramik-, Porzellan- und Glasindustrie, in der Baustoffindustrie, in der Metallurgie und Metallverarbeitung sowie im Maschinenbau erststellig vorbehalten bleiben. Denn hier lassen sich durch den Erdgaseinsatz oft beachtliche Verbesserungen im Ofenwirkungsgrad, in der Ofenleistung und in der Güte der Erzeugnisse erzielen.

Die Einschleusung des Erdgases in die allgemeine Gasversorgung hat in allen Ländern zahlreiche technische, finanzielle und organisatorische Probleme mit sich gebracht. Man kann grundsätzlich zwei Wege der Realisierung unterscheiden:

1. Verwendung des Erdgases im Lieferzustand, also als Reichgas, durch Umstellung der Einrichtungen der Gasverbraucher. Daneben können Starkgasnetze für beschränkte Verbrauchsgebiete, z. B. für das Kokereigas, beibehalten werden.

2. Umwandeln des Erdgases in Starkgasqualität und Einschleusen in die vorhandenen Starkgasnetze, wobei aber auch die Lösung möglich ist, daß ein erheblicher Teil des Erdgases direkt an einzelne Großverbraucher, insbesondere auch der chemischen Industrie geliefert werden kann.

In den Staaten des westlichen Europas geht man den ersten Weg. Bei der Erdgasschwemme in den Niederlanden ist es verständlich, daß man dort sogar die Kokereien stillgelegt hat und den Koks — soweit es sich nicht um Heizkoks, der ebenfalls durch Erdgas ersetzt werden kann, handelt — importiert. Die starke Zunahme des Gasabsatzes in der BRD in den letzten Jahren ist weitestgehend durch den wachsenden Erdgaseinsatz bedingt. Die Gasverkaufsgesellschaften geben zwar nach wie vor ihr Absatzvolumen in m^3_n ($H_0 = 4300$ kcal), d. h. in Starkgasqualität an, sie rechnen also das Erdgas heizwertmäßig auf Kokereigas um. Dabei hat aber das Erdgas bereits heute meist den größten Anteil an dem errechneten fiktiven Stadtgasabsatz. Einige Beispiele belegen dies: Bei der größten Gasverkaufsgesellschaft der BRD (Ruhrgas AG) betrug im Jahre 1970 der Erdgasanteil 68%, bei einer anderen Gesellschaft 79% und bei einer dritten 60% [43]. Nach einer Angabe für 1971 betrug im Jahre 1971 der Erdgasanteil heizwertmäßig bereits 75% des Absatzes der öffentlichen Gasversorgung in der BRD. Von rund 7 Millionen gasversorgten Haushalten benutzten schon 3,3 Millionen (47%) Erdgas. Für 1972 rechnet man mit 4 Millionen erdgasverbrauchenden Haushalten (rd. 60%) [44]. Die verbleibenden Starkgasnetze schrumpfen daher immer mehr. Die Umstellungskosten je Haushalt schwanken in den breiten Grenzen von 1 zu 3; vielfach wird mit dem Einsatz von Erdgas gleichzeitig eine Totalumstellung vorgenommen, d. h., auch die Raumheizung mit Kohle, Koks oder Öl durch Erdgas abgelöst, um die günstigen Vollversorgungstarife zu nutzen [45].

Die Sowjetunion strebt, wie bei ihrem enormen Erdgasreichtum leicht verständlich ist, den ersten der oben gekennzeichneten Wege an. KORTUNOV hat dies ganz klar wie folgt ausgesprochen: „Die Gasindustrie der Sowjetunion wird in der Perspektive eine Erdgaswirtschaft sein“ [2]. Er gibt in seiner 1970 erschienenen Arbeit an, daß in der UdSSR mehr als 90 Millionen Menschen mit Erdgas versorgt würden — eine Zahl, die zweifellos inzwischen schon wieder beachtlich überschritten ist. SCHUBERT [46] gibt in einem zusammenfassenden Bericht über die Ergebnisse der Verhandlungen der Sektion D — „Gasverteilung“ des 11. IGU-Kongresses einen Überblick über die Entwicklung des Erdgaseinsatzes in den größeren Sowjetrepubliken. Der größte Erdgasverbraucher ist natürlich die RSFSR mit zur Zeit mehr als 100 Milliarden m³/Jahr. Es ist vorgesehen, daß der Wärmebedarf von Moskau 1980 zu 96% durch Gas gedeckt werden soll. Damit wird ein maximaler Beitrag zum Umweltschutz in der Hauptstadt der UdSSR erreicht werden. In die Betrachtungen über den Gasifizierungsgrad der einzelnen Sowjetrepubliken ist das Flüssiggas einzubeziehen, das für die Deckung des Bedarfes von Dörfern und kleinen Städten eine wichtige Position hat. Unter den vielen Industriezweigen, die Erdgas zunehmend verwenden, ist die Metallurgie zu nennen. In mehr als 100 Hochöfen, die 85% der Roheisenproduktion der UdSSR erschmelzen, wird Erdgas als Zusatzbrennstoff eingeführt, wodurch sich der spezifische Koksverbrauch beachtlich verminderte [47].

Die Starkgasversorgung der Deutschen Demokratischen Republik beruht zur Zeit auf den Pfeilern der Braunkohlendruckvergasung, der

Braunkohlenkokereien, der verbliebenen Gaskokereien und großen Ortsgaswerke für Steinkohlenentgasung und neuerdings auf dem Einsatz eines Teiles der stickstoffreichen Erdgase der Altmark. Es ergeben sich daher Probleme des Mischens, die GARSTKA behandelt hat [48]. Für die Realisierung einer bestmöglichen Verwertung aller Gase, auch in Richtung auf eine günstige Gestaltung der Stadtgaszusammensetzung, wurden die Erdgasfundstätten des Westens unserer Republik mit dem Braunkohlengaszentrum Lauchhammer—Schwarze Pumpe durch eine Gasleitung verbunden. Es ist zur Zeit nicht beabsichtigt, die Gasversorgung im Haushalt bzw. kommunalen Sektor auf Reichgas umzustellen. Die Tendenz geht vorerst dahin, den Teil des hochwertigen Importgases, den große industrielle Einzelverbraucher und die chemische Großindustrie nicht in Anspruch nehmen, teils durch Mischen, teils durch Spalten in Starkgasqualität umzuwandeln, eine für uns gegenwärtig sicher zweckmäßige Lösung, die für die Zukunft gegebenenfalls einen anderen Weg offenläßt. Diese Lösung schließt zudem nicht aus, daß die Gasversorgung von Städten, die an oder in der Nähe der Erdgashauptleitung liegen, allmählich auf das importierte Erdgas umgestellt werden und damit Erfahrungen im Umstellungsprozeß gewonnen werden. Modelle für die Ermittlung der optimalen Strukturentwicklung der Gaswirtschaft der DDR sind vom Brennstoffinstitut Freiberg aufgestellt worden [24].

Der Einsatz von Erdgas in der chemischen Großindustrie als Rohstoff für viele Synthesen wird sich in allen Industriestaaten entwickeln. Zur Zeit ist der Erdgasverbrauch in der Schwerchemie noch begrenzt, wie z. B. daraus hervorgeht, daß die chemische Industrie der BRD im Jahre 1969 $6 \cdot 10^6$ t Leichtbenzin, aber erst $0{,}15 \cdot 10^6$ t Erdgas (also nur $^1/_{40}$) verbraucht hat [49] ($0{,}15 \cdot 10^6$ t Erdgas entsprechen bei einer mittleren Dichte von 0,8 rd. $190 \cdot 10^6$ m³). Eine petrolchemische Verwertung von Erdgas, Erdölbegleitgas und Kondensaten in großem Umfang hat inder UdSSR eingesetzt (JEFIMOW [22], S. 63, 92—94 u. a.).

Aus Erdgas kann Wasserstoff hergestellt werden. Es eignet sich für die Ammoniak- und Methanolsynthese sowie die Harnstoffherstellung, für die in der DDR sowjetisches Erdgas eingesetzt werden soll [18, 29]. Andererseits lassen sich durch Umwandlung von CH_4 in andere Kohlenwasserstoffe weitere Synthesen verwirklichen, wie z. B. die Herstellung von Azetylen, wodurch die Karbidchemie abgelöst werden kann. POROCHUJA und Mitarbeiter [50] behandeln z. B. die Vorbereitung von Erdgas für die Herstellung von Methylchlorid und anderen chlorhaltigen Methanderivaten, wobei die im Erdgas vorhandenen höheren Homologen des Methans, wie Äthan und Propan, durch katalytische Hydrierung — die Autoren schlagen einen Nickelkatalysator mit 20% Ni-Gehalt vor — in Methan umgewandelt werden. In den USA soll bis 1975 eine Anlage zur Erzeugung von Proteinen aus Erdgas gebaut werden [9]. Immer mehr wird, wie für die UdSSR bereits oben angedeutet wurde, Erdgas zur Erzeugung von Schutz- und Reaktionsgas für die Metallgewinnung und Metallverarbeitung verwendet [51]. Trotz der vielseitigen Bedeutung, die die Verarbeitung des Rohstoffes Erdgas in der chemischen Industrie gewinnen wird, wird aber der größte Teil der Förderung immer als Brennstoff dienen.

In der Literatur wird mehrfach auf die beachtliche Preiserhöhung, die Erdgas durch Verflüssigung, Tankertransport und Wiederverdampfung erfährt, hingewiesen. Der Umfang der Verschiffung verflüssigten Erdgases für 1975 wird verschieden hoch eingeschätzt, so bezogen auf gasförmigen Zustand zu 45 Mrd. m^3 in [5] und zu 25 Mrd. m^3 in [52]. Neuerdings ist als wirtschaftlicher vorgeschlagen worden, im Fundland Methanol aus dem Erdgas herzustellen, dieses zu Schiff zu verfrachten und es dann ohne weitere Verarbeitung als Kraftstoff und Brennstoff zu verwenden [53].

Stickstoffreiches Erdgas

Für die Erdgase erhöhten Stickstoffgehaltes und daher niederen Heizwertes, wie sie im Vorkommen der Altmark in der Deutschen Demokratischen Republik und zum Teil in der VR Polen gefunden werden, gibt es grundsätzlich zwei Wege der Nutzbarmachung:

1. Verwendung im Gewinnungszustand bzw. nach der üblichen Feldaufbereitung;
2. Umwandlung in hochwertiges Erdgas durch weitgehende Entfernung des Stickstoffes.

In der DDR haben sich das Brennstoffinstitut Freiberg, das Institut für Energetik, Leipzig, die Technische Hochschule Otto von Guericke, Magdeburg, der VEB Schwermaschinenbau, Kombinat „Ernst Thälmann", Magdeburg, das Ingenieurbüro für Rationalisierung der VVB Energieversorgung, Berlin, u. a. um die Verwertung der niederkalorischen Erdgase der Altmark verdient gemacht.

Betriebserfahrungen und systematische Versuche haben bereits gezeigt, daß die niedrigkalorischen Erdgase auch für Dampferzeuger aller Größen geeignet sind, auch dann, wenn es sich nicht um neue Anlagen handelt, sondern die Aufgabe gestellt ist, mit festen Brennstoffen betriebene Dampferzeuger auf die Beheizung mit Erdgas umzurüsten oder sie mit Erdgaszusatzfeuerung zu versehen. Über die Verbrennungseigenschaften der niedrigkalorischen Erdgase und ihr Verhalten bei der Verfeuerung in

Brennkammern unterschiedlicher Kühlziffer bei verschiedener Anordnung der Brenner liegen bemerkenswerte Veröffentlichungen vor, so von BOIE [54, 55, 56], von HENTSCHEL [57], von KÄFERSTEIN und Mitverfassern [58], von STEINBRECHT und Mitautoren [59], von JESTER [60].

Das niederkalorische Erdgas verbrennt mit nicht leuchtender Flamme, sie strahlt nur durch die selektive Emission von CO_2 und H_2O, wie auch schon durch die früheren Untersuchungen von RUMMEL [61] bekannt ist. Jedoch gesellt sich zur Gasstrahlung die Auswirkung der Rückstrahlung unberohrter Flächen, wodurch die Wärmeübertragung und damit die Heizflächenleistung erhöht wird. In der DDR sind verschiedene Brenner entwickelt worden, meist vom Typ des Mehrfachlanzenbrenners, der eine gute Vermischung der Verbrennungsluft mit dem stickstoffreichen Erdgas gewährleistet; auf Einzelheiten der Konstruktion und der Anordnung kann hier nicht eingegangen werden.[1]) Die Brennermuffeln sind durch Rückstrahlung unberohrter Wandflächen gefährdet. Nach [59] sollte durch die Ausgestaltung der Brennkammer und Wahl einer entsprechend hohen Kühlziffer eine Mauerwerkstemperatur von $\sim$ 1150 °C angestrebt werden, um eine Lebensdauer von 10000 h für die Muffeln und von 30000 h für das Mauerwerk zu erzielen. In einem Fall hat man durch höherwertiges Material (z. B. Chrommagnesit) die Reisezeit der Brennermuffeln von 4000 auf über 11000 h steigern können.

Die Kesselwirkungsgrade werden bei sorgfältiger Einstellung des Verbrennungsluftüberschusses zu 86 bis 90% angegeben [59, 60]. Bei der Auslegung der Saugzüge und Frischluftventilatoren ist zu beachten, daß der maximale CO_2-Gehalt der Verbrennungsgase aus dem stickstoffreichen Erdgas nur etwa 10% beträgt. Der Wirkungsgrad der Dampferzeugung nimmt natürlich mit steigendem Stickstoffgehalt des Erdgases ab. Mit ihm sinkt auch der weiter unten noch zu besprechende Aktionsradius des Gases. Erdgase mit besonders hohem Stickstoffgehalt werden wie hoch ballasthaltige, d. h. sehr feuchte oder/und aschereiche Braunkohlen, nur in der engeren Umgebung der Gewinnungsstätte noch eben wirtschaftlich nutzbar sein, und schließlich wird es einen Mindestmethangehalt und damit einen Mindestheizwert geben, unterhalb dessen die Zündung und damit die Verbrennung nicht mehr aufrechterhalten werden kann. Hierüber bedarf es offenbar noch eingehenderer Untersuchungen.

Hinsichtlich der Staubfreiheit und des Schwefeldioxidgehaltes sind die Verbrennungsgase des niederkalorischen Erdgases ebenso umweltfreundlich

---

[1]) Brenner für die niederkalorischen Erdgase sind auch vom Deutschen Brennstoffinstitut Freiberg für mehrere Anlagen gebaut worden.

wie die der vollwertigen Erdgase. (Ob etwa mit erhöhten Stickoxidgehalten zu rechnen ist, wäre noch zu untersuchen.) Für Ballungsgebiete der Industrie, wie um Magdeburg und Bitterfeld, gibt der verstärkte Einsatz der inertreichen Erdgase als Kesselbrennstoff die Aussicht, den Staub- und Schwefeldioxid-Auswurf wenigstens nicht weiter anwachsen zu lassen. Das Magdeburger Industriegebiet (genannt sei vor allem das Kombinat „Ernst Thälmann“) leistete ab 1969 die Pionierarbeit für die Verwertung des Erdgases aus den Altmark-Lagerstätten. Nach Bitterfeld wird zur Zeit von hier aus eine Erdgasleitung gebaut [18][1]). Die Entfernungen von den Erdgasvorkommen im Westen unserer Republik bis zu den Bevölkerungs- und Industrieballungsgebieten in den Bezirken Magdeburg, Halle und Leipzig sind günstig. Hier werden zudem die eozänen und oligozänen Braunkohlen verfeuert, die schwefelreicher als die meisten der miozänen Braunkohlen des ostelbischen Gebietes sind.

Wenn allerdings in einem Aufsatz über Umweltschutzfragen in einer populären Zeitschrift hinsichtlich der Schwefeldioxidemission in unserem Lande gesagt wird: „Auf die Dauer wird doch nur der Übergang von der hochschwefelhaltigen Braunkohle als Brennstoff auf das schwefelarme Erdgas weiterhelfen“ [63], so geht dies zu weit. Wollte man auch nur die Hälfte der Braunkohlenförderung der DDR von rd. $260 \cdot 10^9$ t im Jahre 1970 durch niederkalorisches Erdgas ersetzen, so würde man hierfür, heizwertmäßig umgerechnet, jährlich 80 Milliarden m³ Erdgas von $H_u = 3200$ kcal/m³ brauchen. Wollte man für eine Substitution der Braunkohle in solchem Umfang hochwertiges Erdgas importieren, so benötigte man allein hierfür rd. 31 Milliarden m³ Importgas von $H_u = 8400$ kcal/m^3_n jährlich — eine Menge, die vorerst außer Betracht steht. Erdgas — heimisches und importiertes — ist ein Mittel, die Energieträgereinsatzstruktur der DDR günstiger zu gestalten und gleichzeitig Bedeutendes für den Umweltschutz zu tun. Eine Totalbereinigung des Problems der Schwefeldioxidemission, soweit sie durch die Verfeuerung fester und flüssiger Brennstoffe in Kraftwerken und Industrieanlagen bedingt ist, kann man aber vom Erdgaseinsatz nicht erwarten.

Auch für das niederkalorische Erdgas der Altmark gilt übrigens, daß man es in Industrieöfen, soweit es hierfür geeignet ist, erststellig einsetzen soll. In der Tat wird es in einigen Betrieben der Glasindustrie bereits genutzt [18]. Auch für Glüh-, Vergütungs-, Trocknungs- und Brennprozesse in der

---

[1]) In diesem Raum wird u. a. das Fotochemische Kombinat ORWO, Wolfen, bis 1975 sein Braunkohlenkraftwerk auf Erdgas umstellen, wodurch Staub- und SO_2-Auswurf wesentlich eingeschränkt werden [62].

Metallverarbeitung, der Keramik- und Baustoffindustrie sowie für Schmelzprozesse in Hochöfen, Kupolöfen und Siemens-Martin-Öfen hat sich stickstoffreiches Erdgas als anwendbar erwiesen [24]. Wenn fallweise eine mehr oder weniger leuchtende Flamme gewünscht wird oder notwendig ist, kann das niederkalorische Erdgas karburiert werden. Möglich ist auch der Einsatz niederkalorischen Erdgases für die Ammoniaksynthese, wobei erforderlichenfalls ein Teil des Stickstoffs zu entfernen ist oder Wassergas anderer Provenienz zuzusetzen ist. Die Verwendung der niederkalorischen Erdgase im Rahmen der Stadtgasversorgung wurde schon weiter oben erwähnt. Das Brennstoffinstitut in Freiberg arbeitet auf allen Gebieten der Nutzung des niederkalorischen Erdgases.

Mit dem Aktionsradius stickstoffreicher polnischer Gase (Stickstoffgehalte bis zu 40 Vol.-%) bei der energetischen und teilweise technologischen Verwendung hat man sich in der VR Polen befaßt. Man hat als Wirtschaftlichkeitsgrenze des Transportes 150 km für die städtische Versorgung und 200 km für die Versorgung von Industriegebieten errechnet. Nach Boi [24] haben hingegen Berechnungen und Erfahrungen in der DDR einen Aktionsradius von 300 km für das niederkalorische Erdgas ergeben.

Bei größeren Entfernungen wird die Abtrennung des Stickstoffs erwogen, wobei man bestrebt sein muß, durch die Verwertung des Flüssigstickstoffs oder/und Heliumgewinnung einen möglichst großen Teil der Prozeßkosten zu decken. Die breitesten Erfahrungen mit diesem Prozeß, bei dem die verfügbare Druckdifferenz genutzt wird, scheinen in Frankreich vorzuliegen, wo eine Anlage 1969 und eine zweite 1970 in Betrieb kam [24]. Über die Wirtschaftlichkeit des Prozesses bei verschiedenen Ausgangsstickstoffgehalten des Erdgases liegen offensichtlich noch keine detaillierten Untersuchungen vor.

Schlußbetrachtung

Erdgas, frei ausströmend und irgendwie entzündet, war in verklungenen Zeiten Anlaß zur Entstehung von Stätten „ewiger Feuer“, an denen sich Feueranbeter in religiöser Inbrunst versammelten. Erdgas, bewußt gesucht und wirtschaftlich gewonnen, ist für die Menschheit des 20. Jahrhunderts eine der vier Hauptquellen extraktiv gewonnener Primärenergie, deren sie für die Erhöhung des Lebensniveaus aller Völker in gewaltig steigendem Maße bedarf. Noch vor 20 Jahren auf wenige Länder beschränkt, ist der Primärenergieträger Erdgas heute im Vormarsch im Weltmaßstab. Ihn zeichnet aus, daß er in Wandlung und Endverbrauch der umweltfreundlichste im Quartett der wichtigsten Energieträger Kohle, Erdöl, Erdgas und Uran ist.

Wenn Erdgas auch nicht der mächtigste unter diesen vier ist, so steht doch fest, daß die Erdgasvorräte der Welt größer sind, als man vermuten konnte. Ohne Zweifel ist die Sowjetunion als der Staat mit den größten nachgewiesenen, den größten prognostischen und den größten möglichen Erdgasreserven auf dem Erdball anzusehen. Sie wird — voraussichtlich schon in den nächsten 10 Jahren — das heute noch größte Erdgasland, die USA, in der Erdgasförderung überholen und der größte Erdgasexporteur werden. Für die sozialistische ökonomische Integration der RGW-Länder wird die Vorrangstellung der Sowjetunion auf dem Erdgasgebiet von großem Nutzen sein. Aber auch im Rahmen der weiteren Entwicklung friedlicher Koexistenz zwischen Staaten verschiedener Gesellschaftsordnung wird das große Erdgaspotential der UdSSR einen beachtlichen Beitrag leisten können. Denn die energetische Verflechtung der Staaten der Erde wird in den nächsten Jahrzehnten rasch an Bedeutung gewinnen und im nächsten Jahrhundert einen heute noch nicht geahnten Umfang erreichen.

LITERATURVERZEICHNIS

[1] Gumz, W.: Kurzes Handbuch der Brennstoff- und Feuerungstechnik. Springer-Verlag Berlin/Göttingen/Heidelberg, 1962, siehe S. 287.

[2] Kortunov, A. K.: Die Gasindustrie der UdSSR. Gasindustrie, Moskau, H. 8 (1970) S. 1–4 (russisch). (Übersetzung vom Institut für Energetik, Leipzig.)

[3] Merkulova, N. M.: Gewinnung und Aufbereitung von Erdgas und Kondensat im Vorkommen Vuktyl. Gasfach, Moskau, Nr. 5 (1970) S. 32–34 (übersetzt vom Institut für Energetik, Leipzig).

[4] Die Analysenwerte sind verschiedenen Quellen, vor allem [1] sowie [3], entnommen bzw. daraus errechnet worden.

[5] Piens, H.: Die Erdgaswirtschaft der Welt. Glückauf **106** (1970) S. 237–241.

[6] Ist unsere Energieversorgung in Zukunft gesichert? BWK **23** (1971) S. 223.

[7] Haupttagung des deutschen Gas- und Wasserfaches (VGW und DVGW) 1972, Stuttgart. BWK **24** (1972) Nr. 8, S. 309–310.

[8] Europäische Kohlenbergbauliche Vereinigung, Studie über Energiequellen für Westeuropa — gegenwärtige Lage und mittelfristige Aussichten, 1971 — Referat. Braunkohle, Wärme, Energie **23** (1971), S. 96–98.

[9] Bell, F.: Die Entwicklung der Erdgaswirtschaft in der Welt. Gas World, London, **346** (1971) S. 141–146.

[10] Oil and Gas Journal **67** (1969) Nr. 52.

[11] Wedekind, G.: Vortrag auf der Tagung „Gasfeuerungen 1971“ des VGB Technische Vereinigung der Großkraftwerksbetreiber e.K., Essen. Referat BWK **24** (1972) S. 184–185.

[12] Handelsblatt vom 26. 10. 71 — RWE-Inform. 11/71.

[13] Bernstein, H.: Erhöhung der Wirksamkeit der Arbeit der KdT im Bereich der Gaswirtschaft durch Bildung der Wissenschaftlichen Sektion Gas in der künftigen WTG Energiewirtschaft. Energietechnik **22** (1972) S. 3–6.

[14] Kausch, P.: Möglichkeiten zur Abgrenzung von Festlandsockel und Meeresboden zur Mineralrohstoffgewinnung aus dem Meer. Braunkohle **23** (1971) S. 1–9.

[15] Nach Petroleum Press Service, 1970, S. 219 (siehe auch unter [14], Abb. 3).

[16] Statistisches Jahrbuch 1972 der Deutschen Demokratischen Republik, 17. Jahrgang. Herausgegeben von der Staatlichen Zentralverwaltung für Statistik — Staatsverlag der Deutschen Demokratischen Republik, Berlin 1972.

[17] Erdölsuchtätigkeit in den italienischen Gewässern. Petroleum Press Service **39** (1972) H. 1, S. 16–243. Hinweis siehe Braunkohle, Wärme und Energie **24** (1972) S. 243.

[18] Weiss, H. und Krauss: Erdgas nach Bitterfeld. Wochenpost Nr. 39 (1972) S. 6.
[19] Petroleum Press Service 1970, S. 261 (siehe auch [14], Zahlentafel 6).
[20] Rummert, H.: Erdöl im Polargebiet. Glückauf **105** (1969) S. 1088–1093. Auszug siehe Braunkohle, Wärme, Energie **22** (1970) S. 172–173.
[21] Deutsches Verfahren zur Aufbereitung russischen Erdgases. BWK **24** (1972) S. 318.
[22] Jefimow, A. N.: Die Industrie der UdSSR, Moskau 1967. Übersetzung: Berlin 1969, Verlag der Wirtschaft.
[23] Bohn, T.: Probleme zukünftiger Energieversorgung. BWK **24** (1972) S. 378.
[24] Boi, D.: Ergebnisse des 11. IGU-Kongresses, Sektion A — „Erdgas und Speicherung". Energietechnik **21** (1971) S. 54–56.
[25] Hubbert, M. K.: Energy Resources for Power Production. JAEK-Konferenz-Beitrag SM 146/1 (1970).
[26] Erdgas aus den Niederlanden via Deutschland nach Italien. BWK **23** (1971) S. 237.
[27] Šubin, A.: Probleme bei der Inbetriebsetzung der Transitgasleitung UdSSR–ČSSR. Plyn, Praha, **49** (1969) S. 226–229.
[28] Šubin, A.: Versuchsbetrieb der Transitgasleitung UdSSR–ČSSR. Plyn, Praha, **50** (1970) S. 257–264.
[29] Kämpf, J.: Von Tjumen nach Leuna: „Nordlicht". Technische Gemeinschaft (TG) **26** (1972) H. 5, S. 26–28.
[30] Erdgas-Umschau. Energiewirtschaftliche Tagesfragen H. 7 (1971) S. 413–414. Siehe auch Braunkohle, Wärme u. Energie **23** (1971) S. 418–419.
[31] Ruhrgas erzielte neue Höchstabgabe. BWK **23** (1971) S. 236–237.
[32] Weiterhin starke Expansion der Ruhrgas. BWK **23** (1971) S. 454.
[33] Größte Gasverflüssigungsanlage der Welt auf Borneo im Bau. BWK **24** (1972) S. 296.
[34] Mironova, J.: Die Brennstoffbilanz der USA für 1980 und 2000. (russisch) Gasindustrie (Moskau) 1970 S. 46–47.
[35] Sowjet-Methan für die USA? Zeitschr. f. komm. Wirtschaft Nr. 12 (1970) S. 1.
[36] Erdgas-Umschau. Energiewirtschaftliche Tagesfragen H. 7 (1971) S. 413–414.
[37] Jefimow, A. N.: Die Industrie der UdSSR, Moskau 1967. Übersetzung: Berlin 1969, Verlag Die Wirtschaft — siehe S. 94ff.
[38] Wagner, F.: Verfeuerung von Erdgas in einem bisher kohlegefeuerten Kraftwerk. BWK **24** (1972) S. 205–208.
[39] Erweiterung des Kraftwerks „Robert Frank". BWK **23** (1971) S. 386–387.
[40] Hamburg erhält Kraftwerk mit Erdgasfeuerung. BWK **23** (1971) S. 66.
[41] Erdgas-Kraftwerk bei der Mannesmann AG in Huckingen. BWK **23** (1971) S. 315.
[42] Tagung „Gasfeuerungen 1971". BWK **24** (1972) S. 184–185.
[43] Siehe z. B. BWK **23** (1971) S. 236–237.
[44] Haupttagung des deutschen Gas- und Wasserfaches (VGW und DVGW) 1972, Stuttgart. BWK **24** (1972) Nr. 8, S. 309–310.
[45] Mahlert, K.: Probleme des Marketing-Mix bei der Einführung des Erdgases. Ordnungsprobleme und Entwicklungstendenzen in der deutschen Energiewirtschaft. Vulkan-Verlag, Essen 1967, S. 219–235.

[46] SCHUBERT, H.: Ergebnisse des 11. IGU-Kongresses, Sektion D — „Gasverteilung". Energietechnik **21** (1971) S. 59—61.

[47] Erdgas verändert Energiebilanz der UdSSR. Energietechnik **22** (1972) S. 326.

[48] GARSTKA, J.: Vorbereitende Untersuchungen zur Errichtung von Gasmischanlagen. Energietechnik **22** (1972) S. 93—97.

[49] Ist unsere Energieversorgung in Zukunft gesichert? BWK **23** (1971) S. 223—226.

[50] POROCHNJA, N. I. und Mitarbeiter: Katalytische Entfernung höherer Homologen des Methans aus dem Erdgas. Gasindustrie, Moskau **15** (1970) S. 35—37 (übersetzt vom Institut für Energetik, Leipzig).

[51] MÖLLER, F.: Schutzgase aus Erdgas. R. Oldenburg Verlag München—Wien 1971.

[52] KAHN, B.: Ergebnisse des 11. IGU-Kongresses, Sektion C — „Gasfortleitung". Energietechnik **21** (1971) S. 57—58.

[53] GANESHAN, R.: Methanol as a fuel — Cheaper than LNG. Erdöl und Kohle **25** (1972) S. 548—550.

[54] BOIE, W.: Die Verbrennungstemperatur bei Erdgasfeuerungen. Energietechnik **22** (1972) S. 422—426.

[55] BOIE, W.: Praktische Verbrennungsformeln für Erdgase. Wiss. Zeitschr., TU Dresden **19** (1970) S. 523—527.

[56] BOIE, W.: Praktische Verbrennungsformeln für Erdgas. Energieanwendung **19** (1970) S. 254—255.

[57] HENTSCHEL, P.-J.: Formeln und Diagramme für wärmetechnische Rechnungen zur Vorbereitung des Erdgaseinsatzes in Energieanlagen. Energieanwendung **20** (1971) S. 358—360.

[58] KÄFERSTEIN, P. u. a.: Erfahrungen bei der Umstellung kohlegefeuerter Dampferzeuger auf Erdgasbetrieb. Energietechnik **20** (1970) S. 558—561.

[59] STEINBRECHT, D., P. KÄFERSTEIN, H. MÜLLER und H. PILZ: Erfahrungen bei der Auslegung und beim Betrieb erdgasbefeuerter Dampferzeuger. Energietechnik **22** (1972) S. 357—362.

[60] JESTER, W.: Die Umstellung kohlegefeuerter Dampferzeuger auf Erdgasbetrieb — weitere Erfahrungen bei der Projektierung, Umstellung und Inbetriebnahme. Energietec hnik **22** (1972) S. 369.

[61] RUMMEL, K.: Vom Wesen der Flamme. Stahl und Eisen **61** (1941) S. 364—371.
RUMMEL, K. und P.-O. VEH: Die Strahlung leuchtender Flammen. Archiv Eisenhüttenw. **14** (1971) S. 489—499.

[62] Saubere Luft. Wochenpost **19** (1972) Nr. 45, S. 6.

[63] Ist die Erde in Gefahr? Magazin H. 6 (1972) S. 56—58.

[64] Notiz in Braunkohle, Wärme u. Energie **24** (1972) S. 60, nach VWD-Montan vom 26. 12. 71.

[65] GALPERIN, W.: Neue Energieadern in der UdSSR. Bild der Wissenschaft (1972) S. 253—257.

[66] Erdöl und Gas auf Sachalin. Technische Gemeinschaft (TG) **20** (1972) H. 1, S. 17.

[67] SANDER, N.: Glückauf **108** (1972) S. 189—191.

SITZUNGSBERICHTE DER SÄCHSISCHEN AKADEMIE DER WISSENSCHAFTEN ZU LEIPZIG

MATHEMATISCH-NATURWISSENSCHAFTLICHE KLASSE

Band 107

Heft 1 Prof. Dr. OTT-HEINRICH KELLER, Die Homologiegruppen der Flächen 3. Ordnung 1965. 15 Seiten — 8° — M 2,30

Heft 2 Prof. Dr. FRANZ RUNGE, Grignard und die nach ihm benannte Synthese 1966. 17 Seiten — 3 Abbildungen — 8° — M 2,30

Heft 3 Prof. Dr. KARL SCHMALFUSS, Zur Kenntnis der Bodenbildung 1966. 13 Seiten — 4 Tabellen — 8° — M 1,40

Heft 4 Dr. BODO RENSCHUCH, Verallgemeinerungen des Bezoutschen Satzes 1966. 41 Seiten — 8° — M 4,50

Heft 5 Prof. Dr. med. ROLF EMMRICH, Realität und Theorie des Alterns 1966. 20 Seiten — 9 Abbildungen — 8° — M 2,60

Heft 6 Prof. Dr. WILHELM MAIER, Nichteuklidische Volumina 1967. 20 Seiten — 16 Abbildungen — 8° — M 2,80

Heft 7 Dr. LOTHAR VON WOLFERSDORF, Zur Berechnung optimaler Strategien für Spiele über dem Einheitsquadrat mit an der Hauptdiagonalen unstetigen Auszahlungsfunktionen 1968. 53 Seiten — 8° — M 5,70

Band 108

Heft 1 Prof. Dr. PAUL GÖRLICH / Dipl.-Phys. DETLEF GÜLDNER / Dr. JANS-JOACHIM POHL, „Elektronische Spektralmessung" mit steuerbaren Photovervielfachern 1967. 12 Seiten — 9 Abbildungen — 1 Tabelle — 8° — M 2,10

Heft 2 Prof. Dr. MANFRED GERSCH, Neuroendokrinologie der Insekten 1968. 33 Seiten — 12 Abbildungen — 1 Kunstdrucktafel — 8° — M 4,—

Heft 3 Prof. Dr. HASSO ESSBACH, Die Bedeutung der Morphologie in der Heilkunde 1968. 16 Seiten — 1 Textabb. — 13 Abb. auf 8 Kunstdrucktaf., davon 11 vierfarbig — 8° — M 12,80

Heft 4 Prof. Dr. OTT-HEINRICH KELLER, Über eine Definition von S. Lefschetz in der topologischen Schnittheorie 1969. 29 Seiten — 1 Abbildung — 8° — M 4,—

Heft 5 Prof. Dr. WOLFGANG TUTSCHKE, Das Reziprozitätstheorem für eine Klasse pseudoholomorpher Funktionen mehrerer komplexer Variabler 1969. 19 Seiten — 8° — M 3,30

Heft 6 Prof. Dr. WALTER BREDNOW, Von Lavater zu Darvin 1969. 31 Seiten — 14 Abbildungen im Anhang — 8° — M 5,50

Heft 7 Prof. Dr. FRANZ RUNGE, Organische Disulfimide in Wissenschaft und Technik 1970. 24 Seiten — 2 Abbildungen — 8° — M 3,60

Band 109

Heft 1 Prof. Dr. ERICH RAMMLER, Über die Theorien der Braunkohlenbrikettentstehung
1970. 38 Seiten — 13 Abb., davon 2 auf 2 Tafeln — 8° — M 4,—

Heft 2 Prof. Dr. WOLFGANG TUTSCHKE, Stammfunktionen komplexwertiger Funktionen 1970. 20 Seiten — 8° — M 3,70

Heft 3 Dr. habil. GÜNTHER EISENREICH, Zur Syzygientheorie und Theorie des inversen Systems perfekter Ideale und Vektormoduln in Polynomringen und Stellenringen 1970. 88 Seiten — 8° — M 11,—

Heft 4 Prof. Dr. med. ROLF EMMRICH, Hochdruck und Hyperlipidämie (Hypercholesterinämie) als Risikofaktoren für die Entstehung der Arteriosklerosen
1971. 23 Seiten — 10 Abbildungen — 4 Tabellen — 8° — M 3,90

Heft 5 Prof. Dr. HANS DRISCHEL, Biologische Rhythmen
1972. 57 Seiten — 31 Abbildungen — 1 Tabelle — 8° — M 6,60 (*vergriffen*)

Heft 6 Prof. Dr.-Ing. Dr. h. c. KURT SCHWABE, Konzentrierte Elektrolytlösungen — Thermodynamische und kinetische Eigenschaften
1972. 49 Seiten — 27 Abbildungen — 2 Tabellen — 8° — M 7,50

Heft 7 Prof. Dr. WOLFGANG TUTSCHKE, Konstruktion von globalen Lösungen mit vorgeschriebenen Singularitäten bei partiellen komplexen Differentialgleichungssystemen 1972. 24 Seiten — 8° — M 4,50

Band 110

Heft 1 Prof. Dr. Dr. h. c. PAUL GÖRLICH, Über die Laser und ihre Anwendung
1972. 24 Seiten — 8° — M 2,30

Heft 2 Prof. Dr. HASSO ESSBACH, Zum Problem der Tumoren im Kindesalter
1972. 24 Seiten — 11 Abbildungen auf 10 Kunstdrucktafeln — 8° — M 6,—

Heft 3 Prof. Dr. med. WALTER BREDNOW, Zur Anthropologie des Schwindels
1973. 17 Seiten — 2 Abbildungen auf 2 Kunstdrucktafeln — 8° — M 2,50

Heft 4 Prof. Dr. Dr. h. c. PAUL GÖRLICH, Betrachtungen über den Wissenschaftlichen Gerätebau 1973. 39 Seiten — 8° — M 3,—

Heft 5 Prof. Dr. ERICH RAMMLER, Einige Betrachtungen über Erdgas
Vorliegendes Heft

Heft 6 Prof. Dr. GUSTAV E. R. SCHULZE, Zur Rolle des Einfachheitsprinzips im physikalischen Weltbild
1974. 23 Seiten — 4 Abbildungen — 8° — M 2,50

Einzel- oder Fortsetzungsbestellungen durch eine Buchhandlung erbeten

Sitzungsberichte bis Band 106
durch das Zentralantiquariat der Deutschen Demokratischen Republik, Leipzig,
ab Band 107 durch den Akademie-Verlag, Berlin, zum Teil noch lieferbar

AKADEMIE-VERLAG · BERLIN

DDR-108 Berlin, Leipziger Str. 3—4

FSC
www.fsc.org
MIX
Papier | Fördert gute Waldnutzung
FSC® C083411

Zeitfracht Medien GmbH
Ferdinand-Jühlke-Straße 7
99095 Erfurt, Deutschland
produktsicherheit@kolibri360.de